The Workbook of
WSET Level 2 Award in Wines

# WSET
# 第二级葡萄酒认证

# 配套练习册

英国葡萄酒与烈酒教育基金会（Wine & Spirit Education Trust） 著

王琪 刘丁 邓潇莹 译

中信出版集团 | 北京

图书在版编目（CIP）数据

WSET 第二级葡萄酒认证配套练习册 / 英国葡萄酒与烈酒教育基金会著；王琪，刘丁，邓潇莹译 . -- 北京：中信出版社，2023.10

书名原文：The Workbook of WSET Level 2 Award in Wines

ISBN 978-7-5217-5897-9

Ⅰ . ① W… Ⅱ . ①英… ②王… ③刘… ④邓… Ⅲ . ①葡萄酒－认证－习题集 Ⅳ . ① TS262.61-44

中国国家版本馆 CIP 数据核字 (2023) 第 142157 号



WSET 第二级葡萄酒认证配套练习册
著者：　英国葡萄酒与烈酒教育基金会
译者：　王琪　刘丁　邓潇莹
出版发行：中信出版集团股份有限公司
（北京市朝阳区东三环北路 27 号嘉铭中心　邮编　100020）
承印者：　北京利丰雅高长城印刷有限公司

开本：787mm×1092mm　1/16　　印张：8.75　　字数：150 千字
版次：2023 年 10 月第 1 版　　印次：2023 年 10 月第 1 次印刷
京权图字：01–2021–7346　　书号：ISBN 978–7–5217–5897–9
审图号：GS 京 (2023) 1391 号（此书中插图系原文插图）
定价：248.00 元


服务热线：400–600–8099
投稿邮箱：author@citicpub.com

# 目录

# 引言

## 欢迎参加 WSET 第二级葡萄酒认证课程

WSET 第二级葡萄酒认证课程的首要重点是全面介绍主要的葡萄酒的风格。你将学习有关葡萄种植、葡萄酒生产以及每个葡萄品种的详细内容。此外，你还会品尝一系列葡萄酒，从而把握标准酒款的参考要点。

## 练习册

本练习册针对课堂教学而设，共有 8 个章节：

- 葡萄酒的品尝技巧和葡萄酒与食物的搭配
- 影响红葡萄酒生产的因素，黑皮诺、金粉黛 / 普里米蒂沃
- 影响白葡萄酒、甜型葡萄酒、桃红葡萄酒生产的因素，雷司令、白诗南、赛美蓉、福尔明
- 霞多丽、长相思、灰皮诺，琼瑶浆、维欧尼、阿尔巴利诺
- 梅洛、赤霞珠、西拉 / 西拉子
- 佳美、歌海娜 / 加尔纳恰、丹魄、佳美娜、马尔贝克、皮诺塔吉
- 柯蒂斯、卡尔卡耐卡、维蒂奇诺、菲亚诺，内比奥罗、巴贝拉、科维纳、桑娇维塞、蒙特普齐亚诺
- 起泡葡萄酒和加强葡萄酒

这本练习册涵盖了 PPT 的所有内容，还预留了大量空白页，方便书写课堂笔记或品酒笔记。

在你自学期间，可以将练习册与课本《葡萄酒：认知酒标——WSET 第二级葡萄酒认证配套课本》结合使用，此练习册以后还能用作备考的主要参考资料。

# 其他重要资料

在学习过程中，你还要用到另外两份非常重要的资料：

## 《葡萄酒：认知酒标——WSET 第二级葡萄酒认证配套课本》

如上所述，这是专门围绕本课程编写的教材，涵盖了考试的所有内容。

## 《说明书》

《说明书》列出了你在此认证课程中要取得的学习成果和需获得的所有必要信息。需要注意的是，考官会参考《说明书》来设计考卷。另外，这份资料还包含了关于考试的其他重要信息。

《说明书》没有印刷版，在 WSET 网站的认证页面上有电子版。我们强烈建议所有学员在学习过程中参考《说明书》。

# 1
# 葡萄酒的品尝技巧和葡萄酒与食物的搭配

## 品尝环境

- 良好的光线
- 没有强烈异味
- 吐酒桶
- 放置品酒杯与做笔记的空间

## 自我准备

- 口腔洁净
- 避免使用气味浓烈的香水或须后水
- 干净、合适的酒杯
- 适量的酒样

## 使用 SAT① 的理由

- 校准口感
- 用同样的措辞来描述一款酒
- 用来评估一款酒的：
  - 视觉：外观
  - 嗅觉：气味
  - 味觉：味道
  - 质量等级

## 影响葡萄酒香气与风味的缺陷

- 软木塞缺陷
- 瓶塞缺陷
- 热损害

① SAT 是 Systematic Approach to Tasting Wine® 的简称，即 WSET 葡萄酒品鉴系统方法®。本书涉及专有名词，将在每一章节首次出现时括注英文，特此说明。

| 视觉：外观 | | |
|---|---|---|
| 澄清度 | | 清澈 — 混浊（有缺陷？） |
| 颜色深度 | | 淡 — 中 — 深 |
| 颜　色 | 白葡萄酒 | 青柠色 — 柠檬色 — 金黄色 — 琥珀色 — 棕色 |
| | 桃红葡萄酒 | 粉红色 — 粉橘色 — 橙色 |
| | 红葡萄酒 | 紫红色 — 宝石红色 — 石榴红色 — 茶色 — 棕色 |

| 嗅觉：气味 | |
|---|---|
| 纯净度 | 纯净 — 不纯净（有缺陷？） |
| 香气浓度 | 淡 — 中 — 浓 |
| 香气特征 | 如：一类香气、二类香气、三类香气 |

- 一类香气

- 二类香气

- 三类香气

| 味觉：味道 | |
|---|---|
| 甜 度 | 干 — 近乎干 — 半甜 — 甜 |
| 酸 度 | 低 — 中 — 高 |
| 单 宁 | 低 — 中 — 高 |
| 酒精度 | 低 — 中 — 高 |
| 酒 体 | 轻盈 — 中 — 饱满 |
| 风味浓度 | 淡 — 中 — 浓 |
| 风味特征 | 如：一类风味、二类风味、三类风味 |
| 余 味 | 短 — 中 — 长 |

- 甜度

- 酸度

- 单宁

- 酒精度

- 酒体

- 风味浓度

- 风味特征

- 余味

| 评 估 | |
|---|---|
| **质量等级** | 有缺陷 — 差 — 可接受 — 好 — 很好 — 特好 |

- 平衡性

- 余味长度

- 浓郁度

- 复杂性

# 葡萄酒与食物的搭配

## 主要原理

- 个人敏感度

- 个人偏好

- 食物对葡萄酒的影响

### 食物对葡萄酒口味的影响

| 食物若是…… | 葡萄酒便会…… |
| --- | --- |
| 甜的 | 更干、更苦、更酸<br>甜度降低，果味减少 |
| 鲜的 | 更干、更苦、更酸<br>甜度降低，果味减少 |
| 咸的 | 酸度降低，干涩感和苦味减少<br>果味更突出，酒体更饱满 |
| 酸的 | 酸度降低，干涩感和苦味减少<br>甜度与果味更突出 |

## 其他因素

- 辛辣感

- 风味浓度

- 酸度与油腻感

| 酒样 | | |
|---|---|---|
| 视觉：外观 | | |
| 嗅觉：气味 | | |
| 味觉：味道 | | |
| 评估 | | |
| 葡萄酒与食物的搭配 | | 侍酒温度 |

| 酒样 | | |
|---|---|---|
| 视觉：外观 | | |
| 嗅觉：气味 | | |
| 味觉：味道 | | |
| 评估 | | |
| 葡萄酒与食物的搭配 | | 侍酒温度 |

| 酒样 | | |
|---|---|---|
| 视觉：外观 | | |
| 嗅觉：气味 | | |
| 味觉：味道 | | |
| 评估 | | |
| 葡萄酒与食物的搭配 | | 侍酒温度 |

| 酒样 | | |
|---|---|---|
| 视觉：外观 | | |
| 嗅觉：气味 | | |
| 味觉：味道 | | |
| 评估 | | |
| 葡萄酒与食物的搭配 | | 侍酒温度 |

| 酒样 | | |
|---|---|---|
| 视觉：外观 | | |
| 嗅觉：气味 | | |
| 味觉：味道 | | |
| 评估 | | |
| 葡萄酒与食物的搭配 | | 侍酒温度 |

| 酒样 | | |
|---|---|---|
| 视觉：外观 | | |
| 嗅觉：气味 | | |
| 味觉：味道 | | |
| 评估 | | |
| 葡萄酒与食物的搭配 | | 侍酒温度 |

# 2
# 影响红葡萄酒生产的因素，黑皮诺、金粉黛 / 普里米蒂沃

## 葡萄

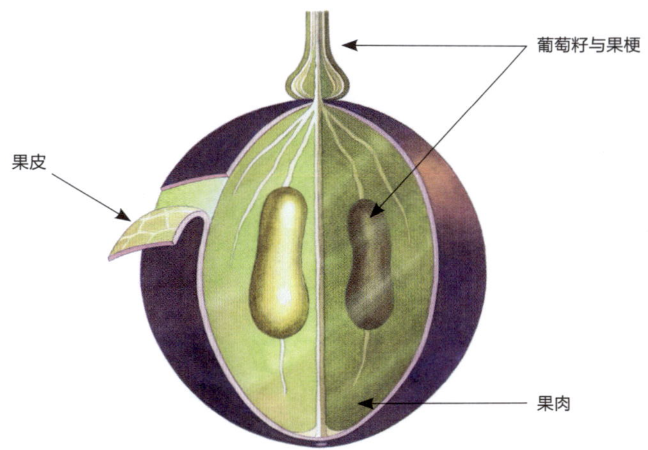

# 葡萄藤生长条件

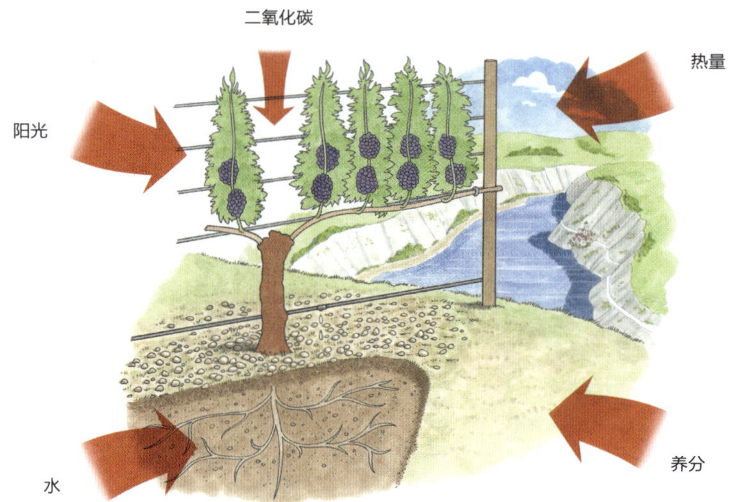


## 光合作用

- 水分 + 二氧化碳 + 阳光 → 糖分

# 果实的形成与成熟

- 开花期
- 坐果期—— 花朵发育为葡萄
- 转色期
- 成熟期

# 生长环境

## 气候

- 凉爽气候（温度为 16.5°C 或更低）

- 温和气候（温度为 16.5 ~ 18.5°C）

- 温暖气候（温度为 18.5 ~ 21°C）

## 影响气候的因素

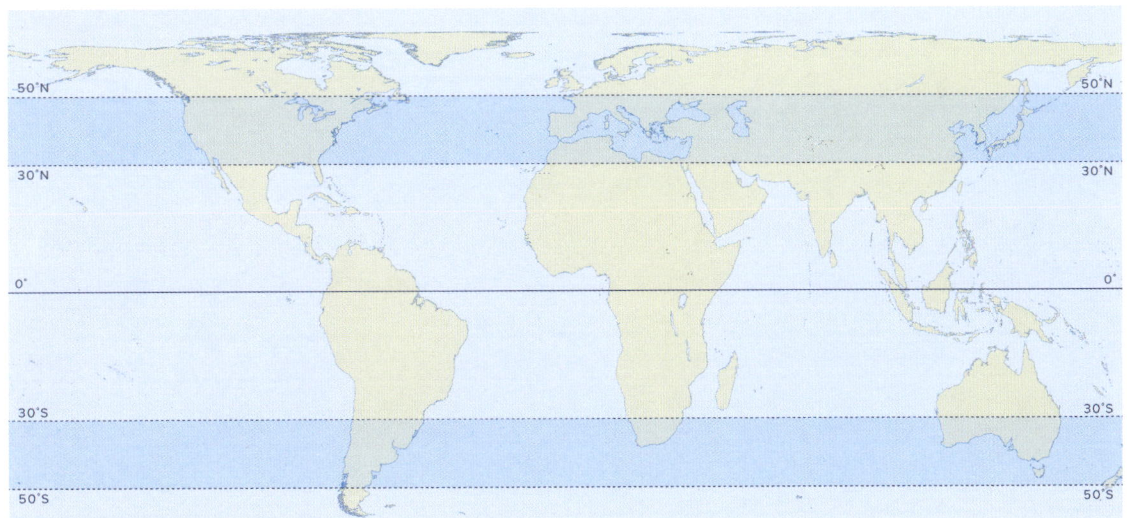


世界地图

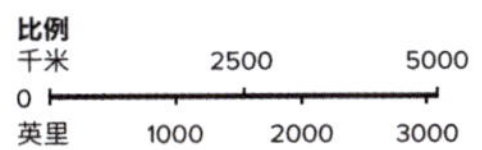

- 纬度

- 海拔

- 海洋
- 河流
- 山坡
- 朝向
- 云
- 浓雾
- 薄雾
- 山脉
- 土壤
- 空气

### 天气的影响

- 气温

- 阳光

- 干旱

- 涝灾

- 冰雹

- 霜冻

## 葡萄种植

### 葡萄园的耕作

- 整枝与修剪

- 灌溉

- 防治杂草与病虫害
  - 杀真菌剂
  - 杀虫剂
  - 除草剂
- 产量
- 采收
  - 人工采收
  - 机器采收

# 与产区和法规相关的酒标术语

## 地理标志标签（Geographical Indication，简称 GI）

- 非欧盟国家 / 地区
- 欧盟
  - 原产地保护标签（Protected Designation of Origin，简称 PDO）
  - 地理标志保护标签（Protected Geographical Indication，简称 PGI）

# 法国葡萄酒产区

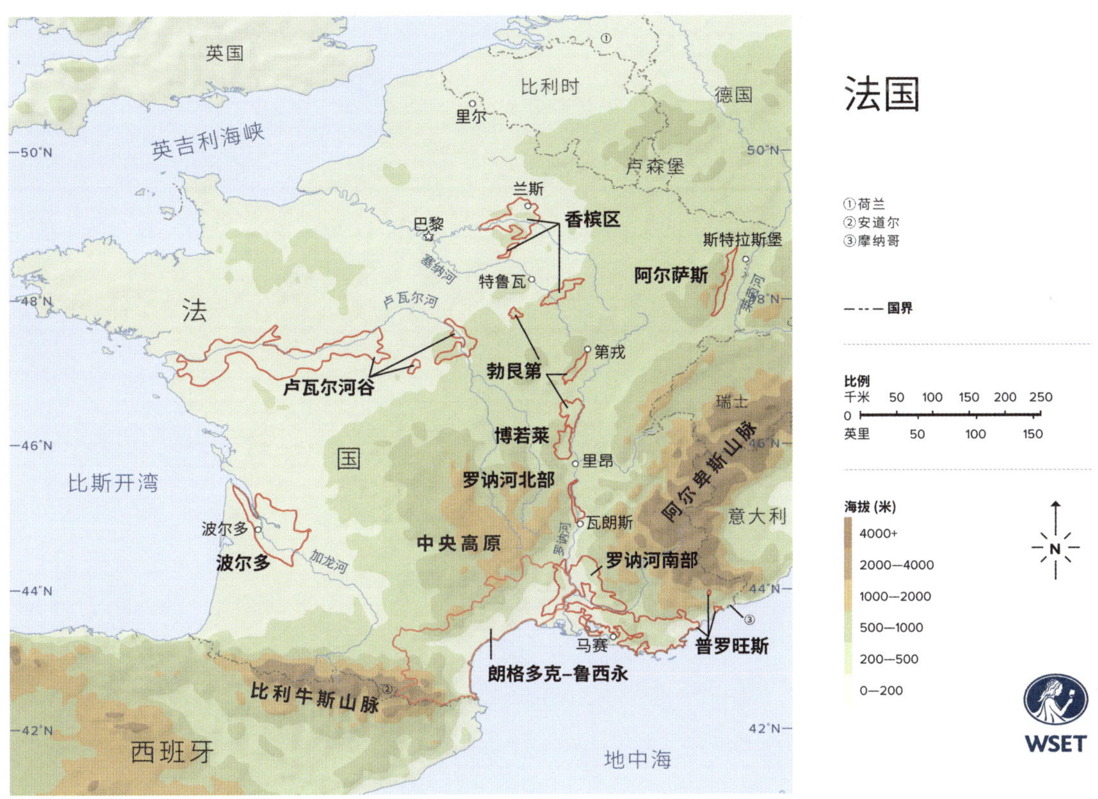


# 法国的酒标术语

## 原产地保护标签

| 国　家 | 原产地保护标签酒标术语 |
|---|---|
| 法　国 | 法定产区保护葡萄酒 / 原产地保护葡萄酒（Appellation d'origine protégée，简称 AOP）或<br>法定产区命名葡萄酒 / 原产地命名葡萄酒（Appellation d'origine contrôlée，简称 AOC） |

## 地理标志保护标签

| 国　家 | 地理标志保护标签酒标术语 |
|---|---|
| 法　国 | 地理标志保护葡萄酒（Indication géographique protégée，简称 IGP） |

# 黑皮诺（Pinot Noir）

- 果皮薄
- 酸度高
- 单宁低至中
- 红色水果：
  - 草莓
  - 覆盆子
  - 红樱桃

- 凉爽气候
- 温和气候

- 通常用于酿造单一品种葡萄酒
- 谨慎使用橡木桶
- 用来酿造起泡葡萄酒

- 质量为很好或特好的葡萄酒可以陈年：
  - 蘑菇
  - 森林地表

## 勃艮第（Burgundy）

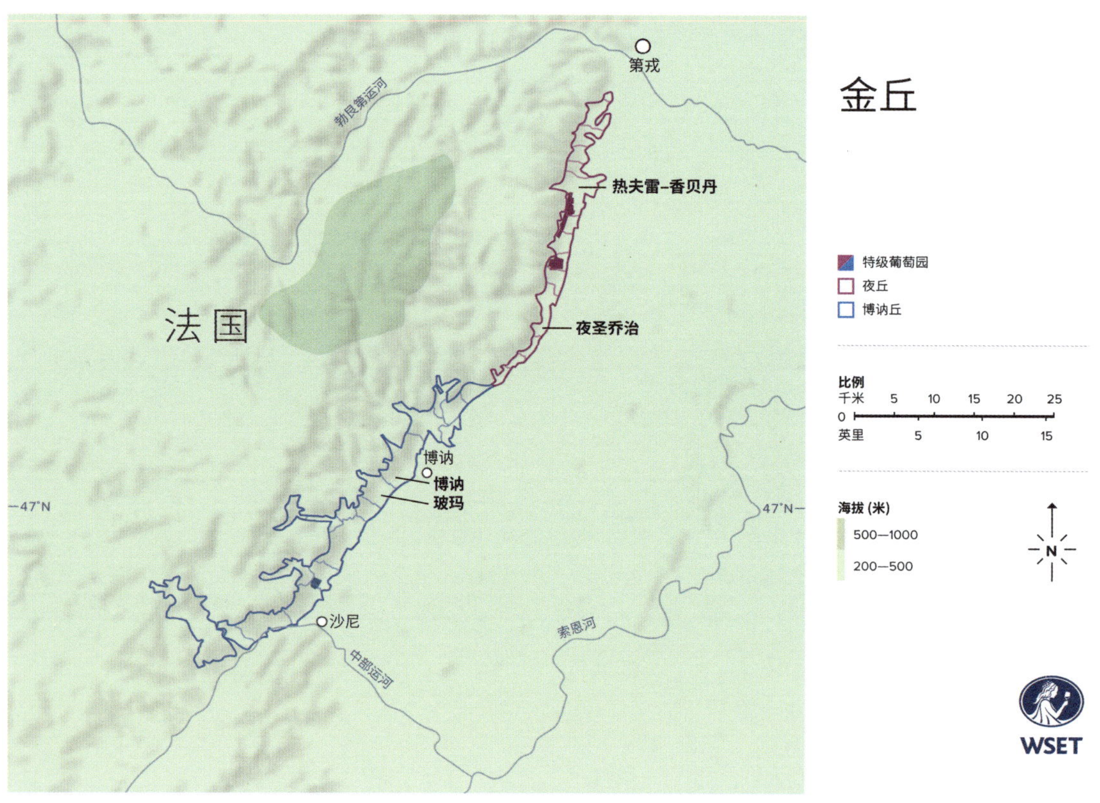

Domaine Martin
BOURGOGNE
APPELLATION BOURGOGNE CONTRÔLÉE
PINOT NOIR
PRODUIT DE FRANCE

Domaine Martin
GEVREY-CHAMBERTIN
APPELLATION GEVREY-CHAMBERTIN
CONTRÔLÉE
PRODUIT DE FRANCE

Domaine Martin
GEVREY-CHAMBERTIN
CLOS SAINT-JACQUES
APPELLATION GEVREY-CHAMBERTIN
PREMIER CRU CONTRÔLÉE
PRODUIT DE FRANCE

Domaine Martin
LE CHAMBERTIN
GRAND CRU
APPELLATION LE CHAMBERTIN
CONTRÔLÉE
PRODUIT DE FRANCE

# 世界各地的黑皮诺

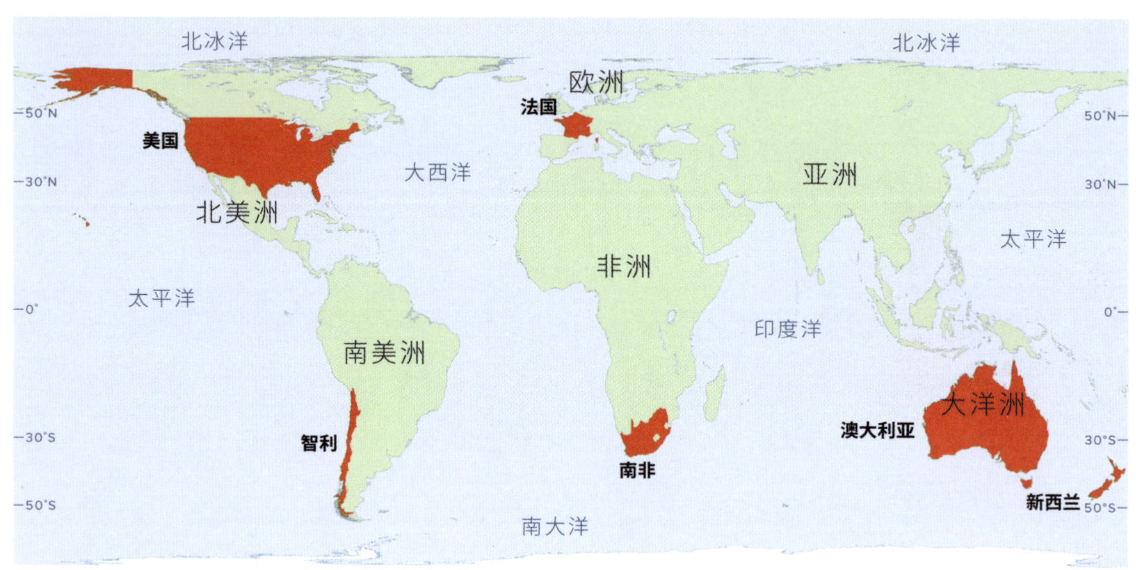


世界葡萄酒产区

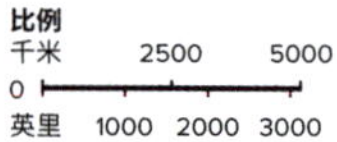

## 美国

美国部分

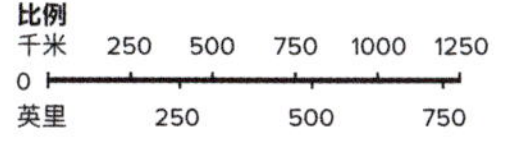


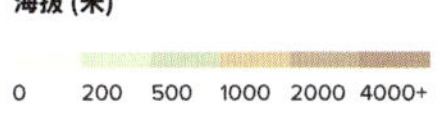


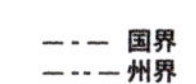

加利福尼亚

州界

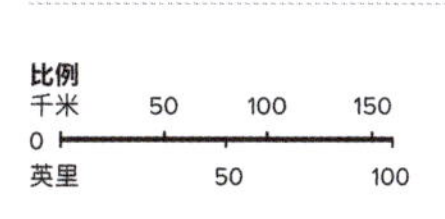


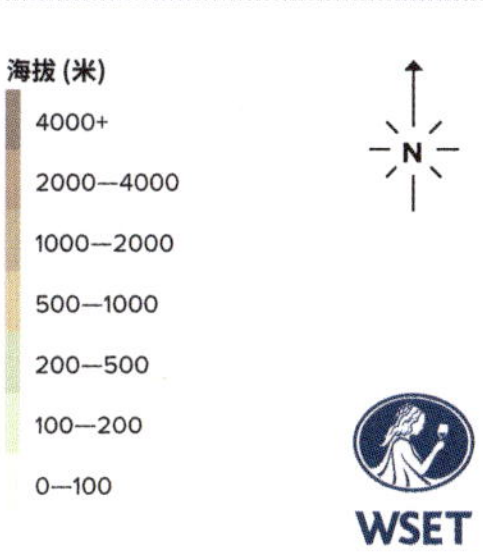

索诺马县
沿海山脉
贝里埃萨湖
索诺马县
纳帕县
38°30'N
38°30'N
索诺马
纳帕
罗斯卡内罗斯
太平洋
圣保罗湾
38°00'N
38°00'N
康科德
奥克兰
旧金山
县界
比例
千米 0 10 20 30
英里 5 10 15
海拔 (米)
1000+
500—1000
200—500
100—200
0—100
N
WSET

## 智利

30°S
30°S
太平洋
智利
安第斯山脉
32°S
32°S
卡萨布兰卡谷
圣地亚哥
34°S
34°S
阿根廷
36°S
36°S
38°S
智利
国界
比例
千米 0 50 100 150 200
英里 25 50 75 100 125
海拔 (米)
6000+
4000—6000
2000—4000
1000—2000
500—1000
200—500
0—200
N
WSET

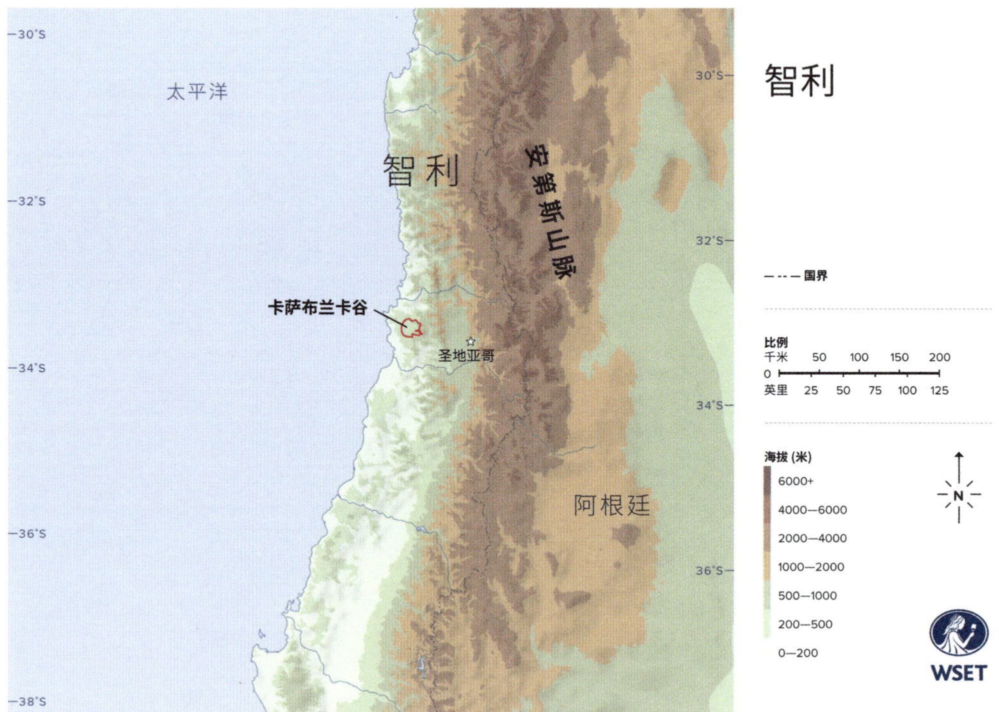

## 南非

西开普省

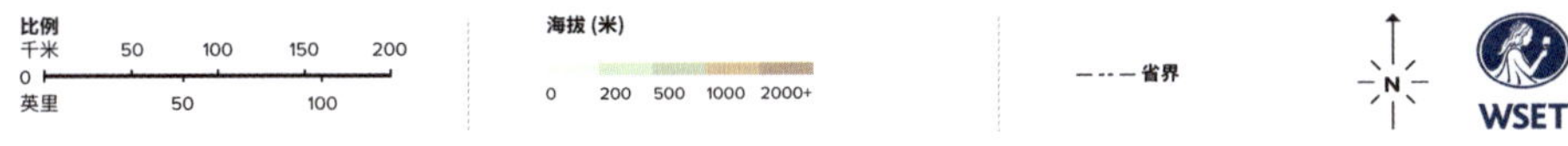


## 澳大利亚

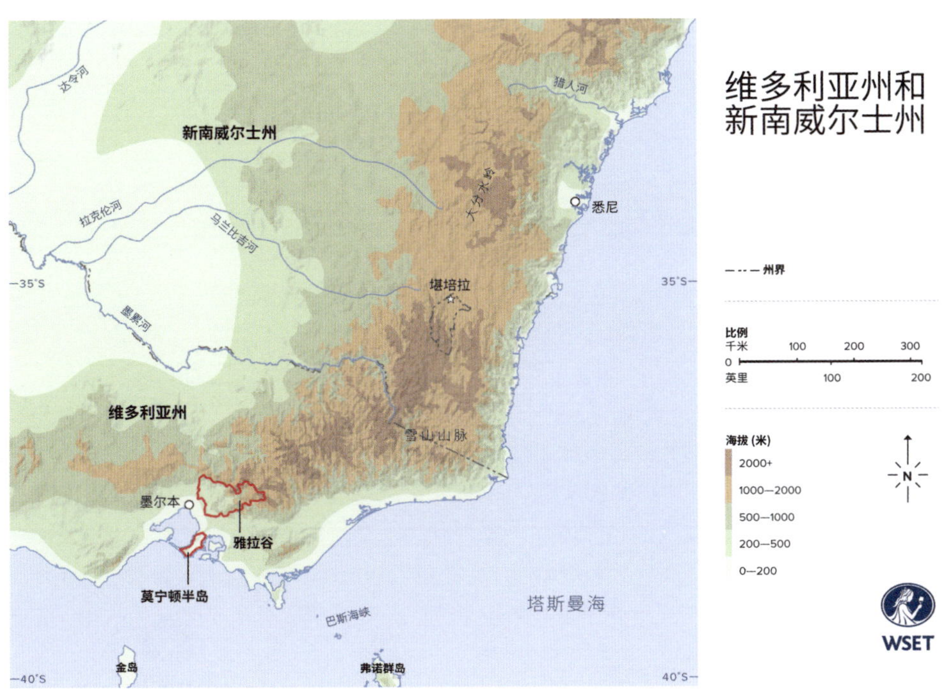


维多利亚州和新南威尔士州

# 新西兰

新西兰
35°S
40°S
45°S
塔斯曼海
奥克兰
北岛
马丁堡
马尔堡
南岛
南阿尔卑斯山脉
克赖斯特彻奇
中奥塔戈
太平洋
区界
比例
千米 100 200 300 400 500
0
英里 100 200 300
海拔 (米)
2000+
1000–2000
500–1000
200–500
0–200
N
WSET

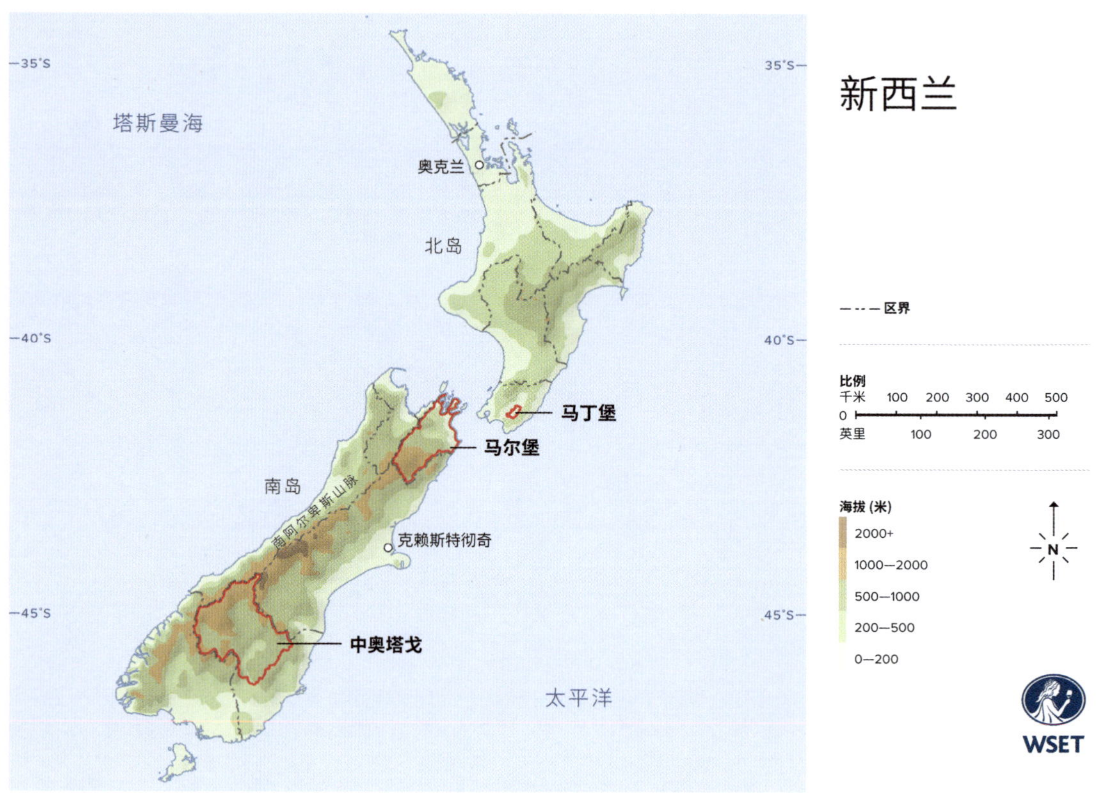

# 葡萄酒的酿造过程

## 酒精发酵

## 酿造红葡萄酒的典型步骤

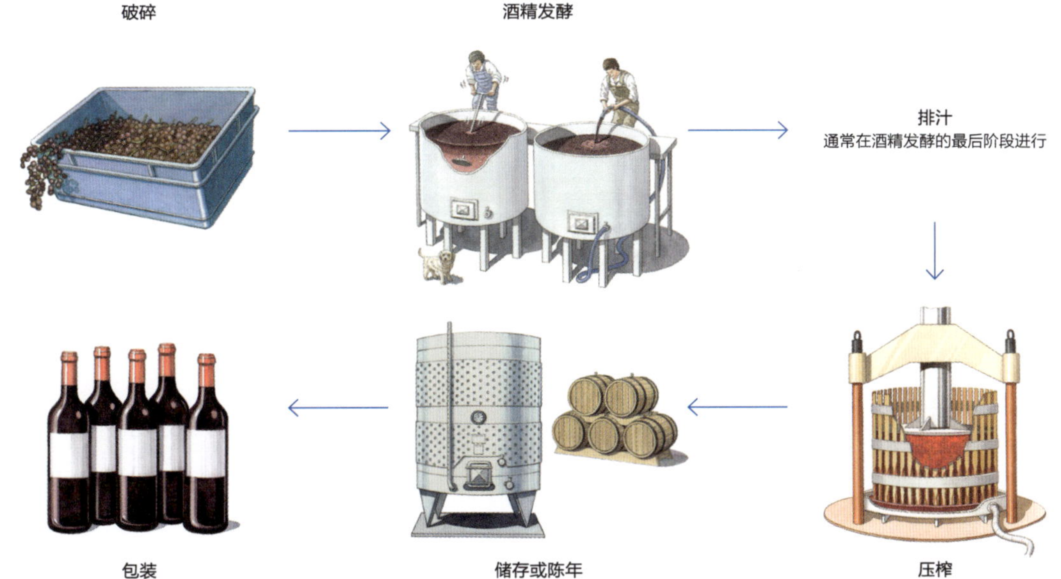


## 惰性容器

- 材质
  - 不锈钢
  - 水泥

- 特点
  - 发酵与储存
  - 不会添加风味
  - 可以做成气密式容器

## 橡木桶

- 用途
  - 添加风味
  - 氧化
  - 软化单宁

## 调配

- 风格
- 一致性
- 复杂性

## 瓶中陈年

- 适合陈年的葡萄酒有以下特点：
  - 风味浓郁
  - 风味可以随时间的推移更臻完美
  - 高酸度、高单宁或高含糖量

# 金粉黛 / 普里米蒂沃（Zinfandel / Primitivo）

- 果实成熟程度不均匀
- 含糖量高
- 酸度中到高
- 单宁中到高

- 温暖气候

- 桃红葡萄酒、红葡萄酒
- 红葡萄酒通常会在橡木桶中陈年

- 质量为很好或特好的红葡萄酒可以陈年：
  - 泥土
  - 肉

# 世界各地的金粉黛 / 普里米蒂沃

## 美国

美国部分

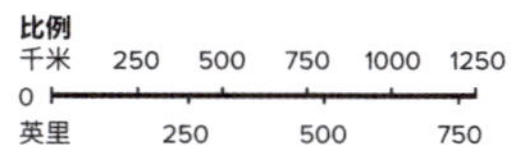


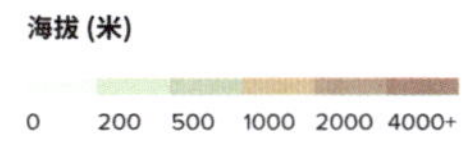


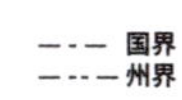

# 意大利

阿尔卑斯山脉
瑞士
奥地利
匈牙利
斯洛文尼亚
克罗地亚
法国
米兰
都灵
威尼斯
45°N
波斯尼亚和黑塞哥维那
热那亚
佛罗伦萨
意大利
亚得里亚海
罗马
普利亚
那不勒斯
40°N
第勒尼安海
巴勒莫
阿尔及利亚
突尼斯
意大利
①列支敦士登
②圣马力诺
③摩纳哥
④梵蒂冈
⑤黑山
⑥德国
国界
比例
千米 50 100 150 200 250 300
0
英里 50 100 150 200
海拔 (米)
1500+
1000—1500
500—1000
200—500
0—200
N
WSET

| 酒样 | | |
| --- | --- | --- |
| 视觉：外观 | | |
| 嗅觉：气味 | | |
| 味觉：味道 | | |
| 评估 | | |
| 葡萄酒与食物的搭配 | | 侍酒温度 |

| 酒样 | | |
| --- | --- | --- |
| 视觉：外观 | | |
| 嗅觉：气味 | | |
| 味觉：味道 | | |
| 评估 | | |
| 葡萄酒与食物的搭配 | | 侍酒温度 |

<table>
<tr><td colspan="2">酒样</td></tr>
<tr><td>视觉：外观</td><td></td></tr>
<tr><td>嗅觉：气味</td><td></td></tr>
<tr><td>味觉：味道</td><td></td></tr>
<tr><td>评估</td><td></td></tr>
<tr><td>葡萄酒与食物的搭配</td><td>侍酒温度</td></tr>
</table>

<table>
<tr><td colspan="2">酒样</td></tr>
<tr><td>视觉：外观</td><td></td></tr>
<tr><td>嗅觉：气味</td><td></td></tr>
<tr><td>味觉：味道</td><td></td></tr>
<tr><td>评估</td><td></td></tr>
<tr><td>葡萄酒与食物的搭配</td><td>侍酒温度</td></tr>
</table>

# 3
# 影响白葡萄酒、甜型葡萄酒、桃红葡萄酒生产的因素，雷司令、白诗南、赛美蓉、福尔明

## 果实的形成与成熟

- 开花期
- 坐果期——花朵发育为葡萄
- 转色期
- 成熟期

## 浓缩葡萄的糖分

### 额外成熟期

- 初期
  - 较成熟的香气
  - 糖分含量较高

- 晚期
  - 变为葡萄干
  - 果干的香气

## 灰葡萄孢菌 / 贵腐菌（botrytis/noble rot）

- 所需条件
  - 成熟的葡萄
  - 早晨湿雾笼罩
  - 下午温暖干燥

## 冰冻葡萄

- 方法
  - 葡萄在藤上结冰（冬天）
  - 在冰冻时采收
  - 在冰冻时压榨
  - 冰酒（Icewine / Eiswein）

# 葡萄酒的酿造过程

## 酿造白葡萄酒的典型步骤

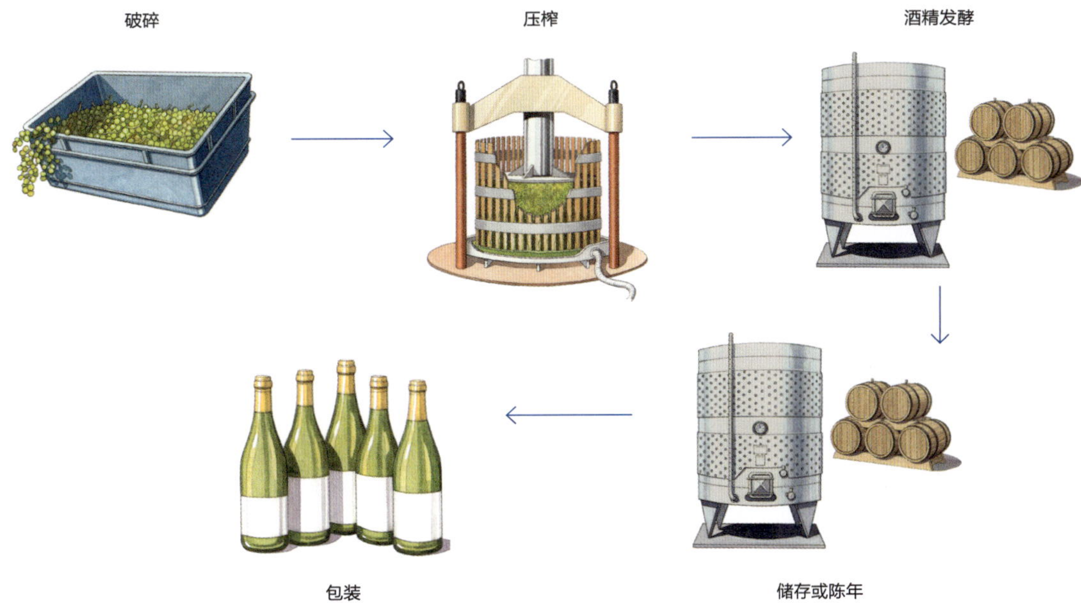


## 酿造过程中的不同选择

- 调整
  - 糖分
  - 酸度
- 橡木桶
  - 烘烤等级
  - 新、旧
  - 桶的尺寸

- 橡木桶的替代品
  - 橡木片
  - 橡木碎片
- 苹果酸 — 乳酸转化
  - 降低酸度
  - 二类风味：黄油、奶油
- 酒泥
  - 酒体更饱满
  - 二类风味：面包、饼干
- 澄清

# 葡萄酒的酿造过程

## 酿造甜型葡萄酒的典型步骤

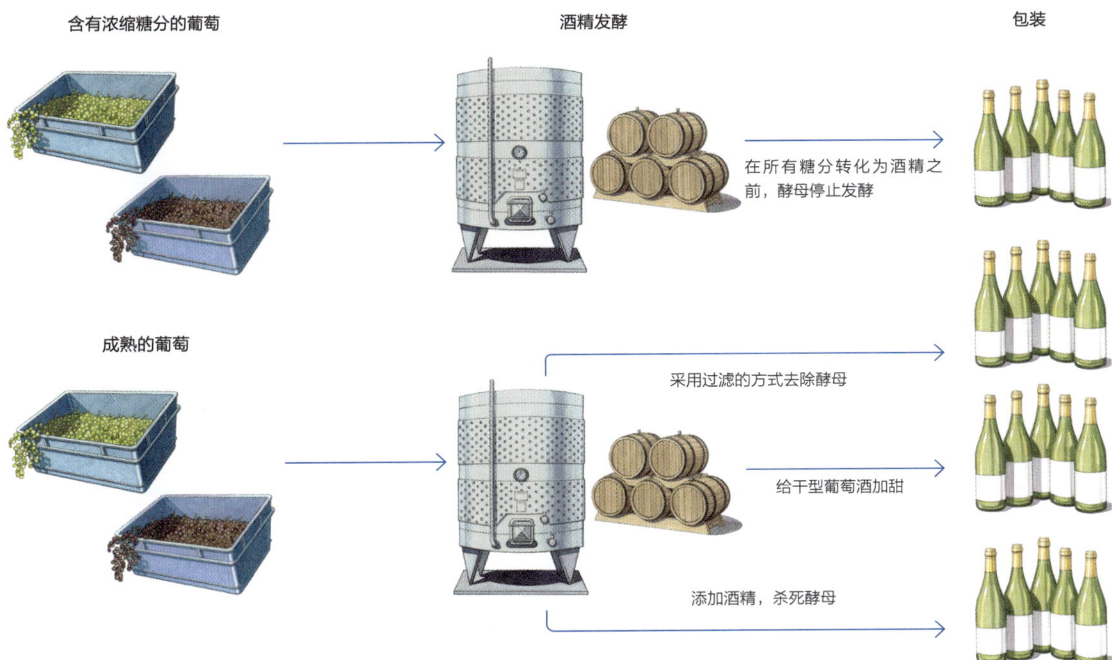


## 酿造桃红葡萄酒的典型步骤

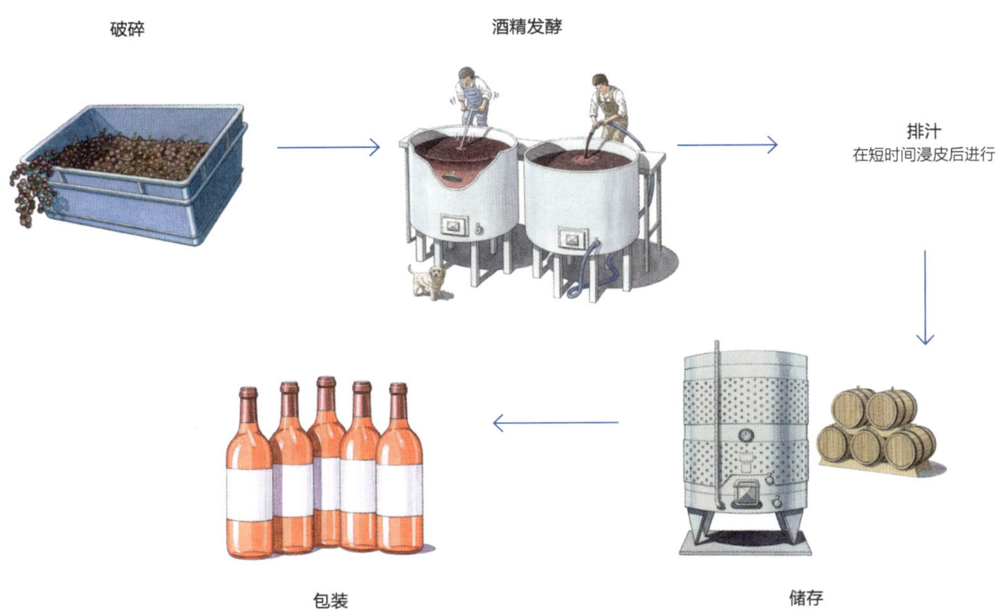

# 世界各地的雷司令、白诗南、赛美蓉、福尔明

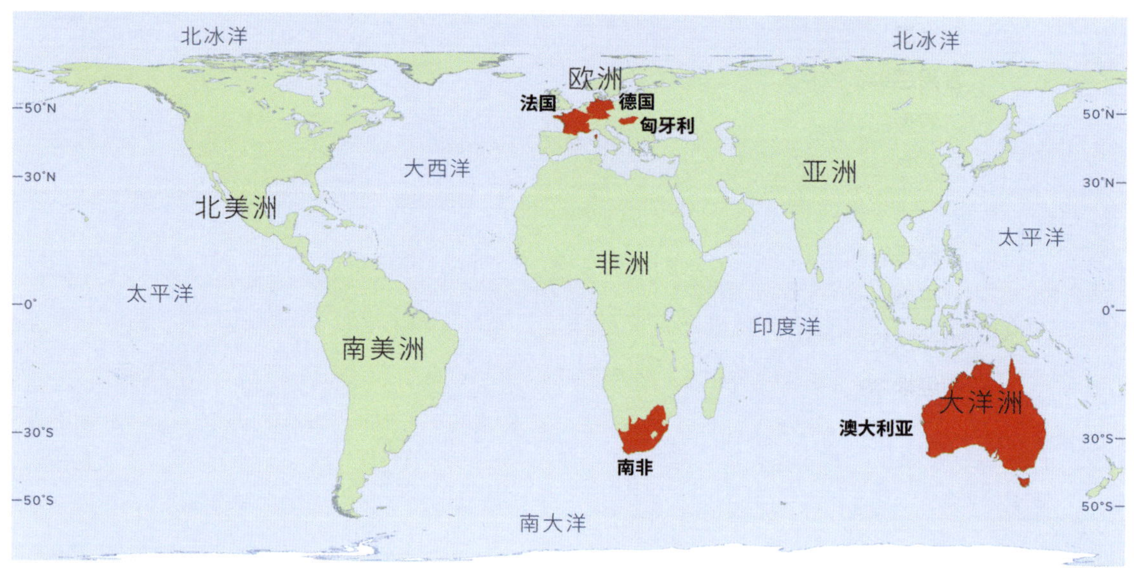


世界葡萄酒产区

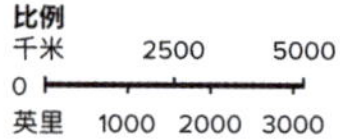

# 雷司令（Riesling）

- 酸度高
- 容易感染贵腐菌
- 芳香型品种
- 水果特征因成熟度而异

- 凉爽气候
- 温和气候

- 多种采收方式
- 从干型到甜型
- 酒体从轻盈到饱满
- 不经橡木桶陈年

- 质量为很好或特好的酒款可以陈年：
  - 蜂蜜
  - 汽油

## 成熟度

刚好成熟　　额外成熟

# 德国和法国

德国和法国
①波斯尼亚和黑塞哥维那
②匈牙利
③斯洛伐克
④列支敦士登
⑤瑞典
国界
比例
千米 50 100 150 200 250
0
英里 50 100 150
海拔 (米)
4000+
3000—4000
2000—3000
1000—2000
500—1000
200—500
0—200
WSET
丹麦
波罗的海
北海
汉堡
波兰
德国
柏林
荷兰
摩泽尔
莱茵高
比利时
法兰克福
卢森堡
曼海姆
捷克
法尔茨
法国
斯特拉斯堡
斯图加特
阿尔萨斯
科尔马
奥地利
阿尔卑斯山脉
瑞士
斯洛文尼亚
意大利
克罗地亚
50°N

德国和法国
①荷兰
②列支敦士登
国界
比例
千米 20 40 60 80 100
0
英里 20 40 60
海拔 (米)
2000—4000
1000—2000
500—1000
200—500
0—200
WSET
莱茵河
德国
比利时
摩泽尔河
莱茵高
法兰克福
摩泽尔
卢森堡
美因河
曼海姆
萨尔河
纳厄河
法尔茨
法国
斯特拉斯堡
孚日山脉
伊尔河
莱茵河
阿尔萨斯
瑞士
奥地利
50°N
49°N
48°N

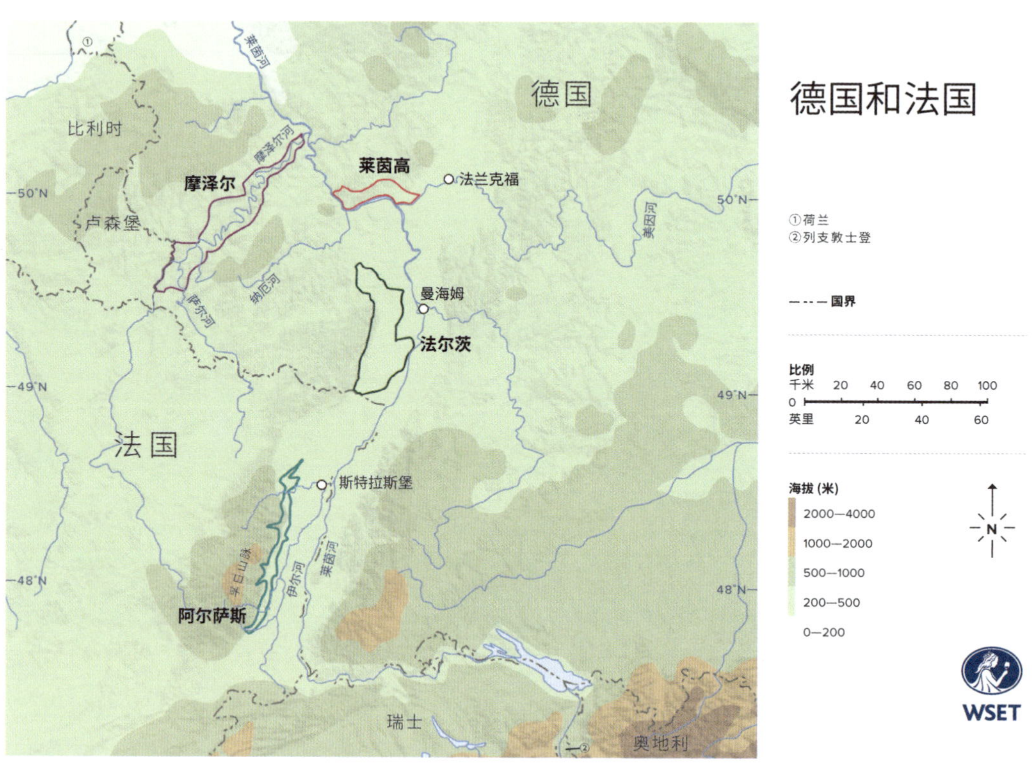

# 德国的酒标术语

### 原产地保护标签（Protected Designation of Origin，简称 PDO）

| 国　家 | 原产地保护标签酒标术语 |
| --- | --- |
| 德　国 | 优质葡萄酒（Qualitätswein）<br>高级优质葡萄酒（Prädikatswein） |

### 地理标志保护标签（Protected Geographical Indication，简称 PGI）

| 国　家 | 地理标志保护标签酒标术语 |
| --- | --- |
| 德　国 | 地区餐酒（Landwein） |

### 高级优质葡萄酒的六个等级

- 珍藏酒（Kabinett）
- 晚摘酒（Spätlese）
- 逐串精选酒（Auslese）

从干型到甜型

- 冰酒（Eiswein） —— 甜型（葡萄的糖分经冰冻而浓缩）

- 逐粒精选酒（Beerenauslese，简称 BA）
- 枯萄精选酒（Trockenbeerenauslese，简称 TBA）

—— 甜型（葡萄的糖分因贵腐菌而浓缩）

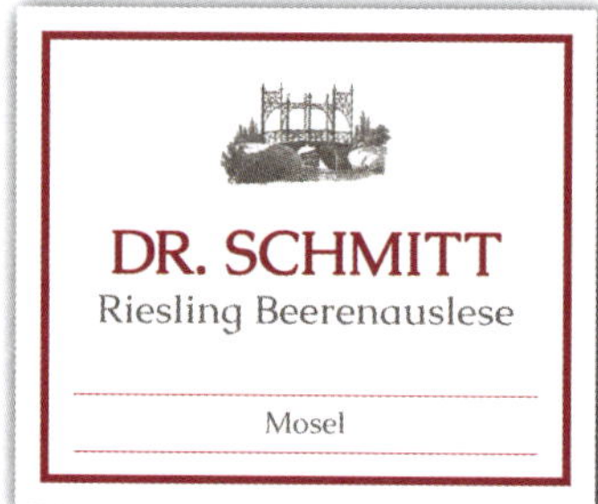

## 其他酒标术语

- 德国干型葡萄酒（Trocken）
- 德国近乎干型葡萄酒（Halbtrocken）

## 澳大利亚

10°S
20°S
30°S
40°S
达尔文
印度洋
珊瑚海
北部地区
昆士兰州
西澳大利亚州
南澳大利亚州
布里斯班
珀斯
新南威尔士州
悉尼
阿德莱德
维多利亚州
墨尔本
塔斯曼海
塔斯马尼亚州
霍巴特

澳大利亚
国界
比例
千米 250 500 750 1000 1250
0
英里 250 500 750
海拔（米）
2000+
1000—2000
500—1000
200—500
0—200
N
WSET

南澳大利亚州
新南威尔士州
克莱尔谷
伊顿谷
墨累河
斯潘塞湾
阿德莱德
35°S
坎加鲁岛
因康特湾
维多利亚州
南大洋
40°S

南澳大利亚州
州界
比例
千米 100 200 300
0
英里 100 200
海拔（米）
2000+
1000—2000
500—1000
200—500
0—200
N
WSET

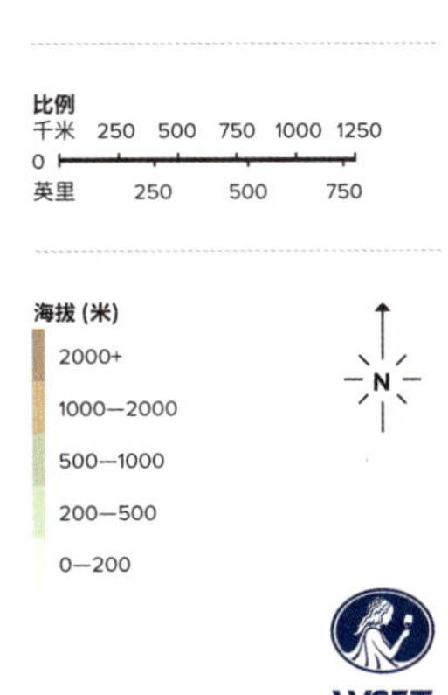

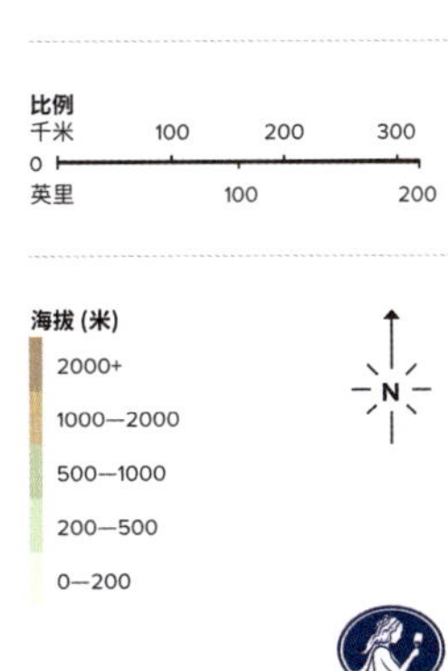

# 白诗南（Chenin Blanc）

- 适应性强：适合多种气候环境
- 酸度高
- 容易感染贵腐菌

- 凉爽气候
- 温和气候
- 温暖气候

- 多种采收方式
- 从干型到甜型
- 经过 / 不经橡木桶陈年

- 质量为很好或特好的酒款可以陈年：
  - 果干
  - 蜂蜜

## 成熟度

刚好成熟 → 额外成熟

## 法国

卢瓦尔河谷

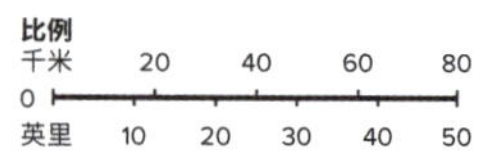


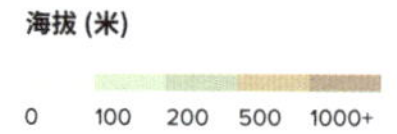


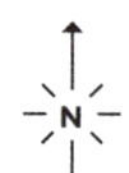

## 南非

南非
博茨瓦纳
纳米比亚
比勒陀利亚（茨瓦内）
约翰内斯堡
斯威士兰
南非
莱索托
德班
西开普省
开普敦
伊丽莎白港
印度洋
32°S
34°S
①津巴布韦
②莫桑比克
国界
比例
千米 0 100 200 300 400
英里 50 100 150 200
海拔（米）
2000+
1000–2000
500–1000
200–500
0–200
N
WSET

# 赛美蓉（Sémillon/Semillon)

- 酸度中到高
- 容易感染贵腐菌

- 温和气候
- 温暖气候

- 多种采收方式
- 干型到甜型
- 酒体从轻盈到饱满
- 经过 / 不经橡木桶陈年
- 有时会与长相思混酿

- 质量为很好或特好的酒款可以陈年

## 形成风味

新酿

完全形成

## 法国

波尔多

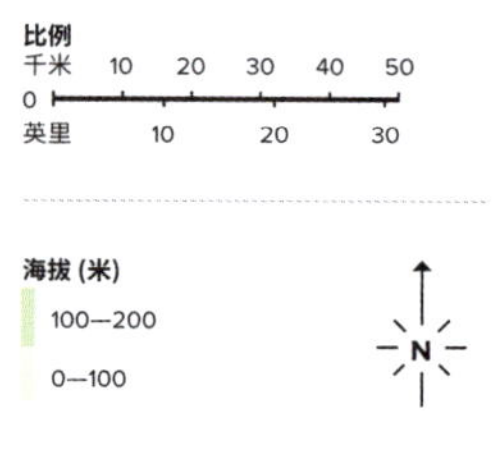

## 澳大利亚

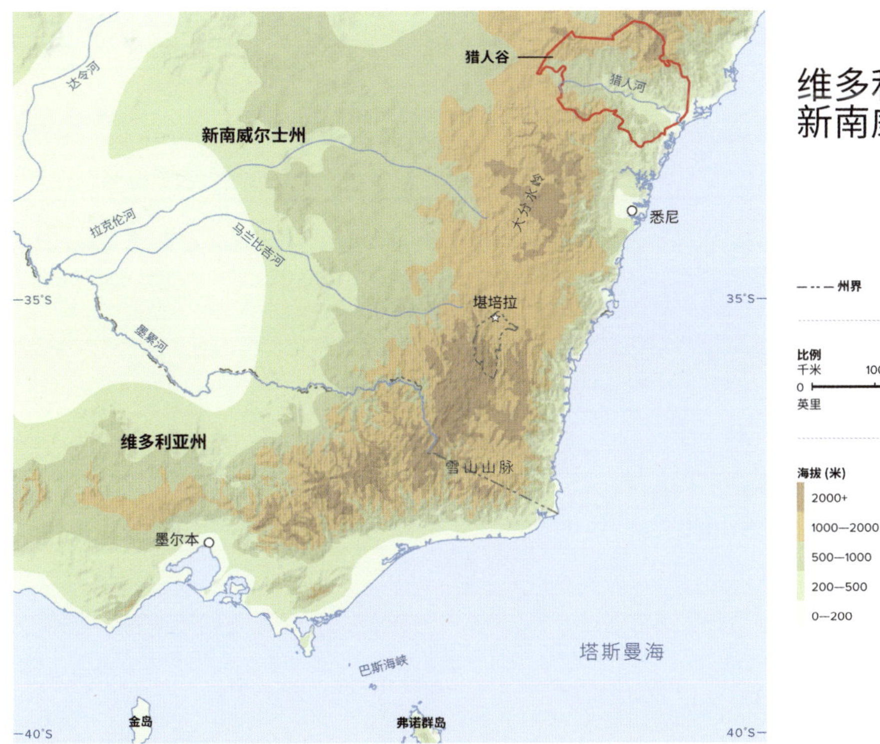


### 维多利亚州和新南威尔士州

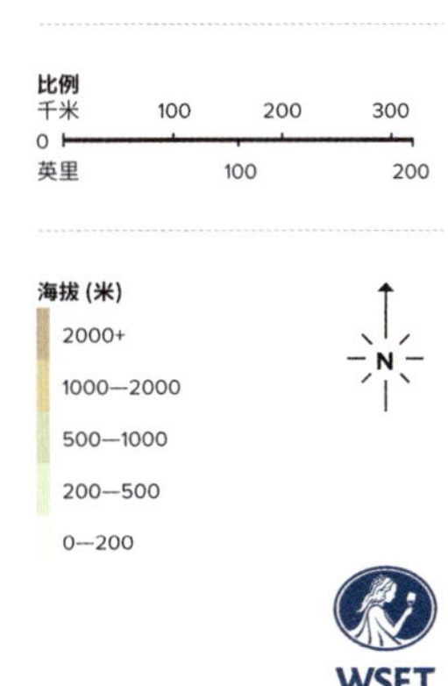

### 南澳大利亚州

# 福尔明（Furmint）

- 酸度高
- 主要种植在匈牙利的托卡伊（Tokaj）
- 容易感染贵腐菌

- 温和气候

- 从干型到甜型
- 经过 / 不经橡木桶陈年

- 质量为很好或特好的酒款（尤其是甜型葡萄酒）可以陈年：
  - 果干
  - 焦糖
  - 坚果

## 托卡伊

| 酒样 | | |
|---|---|---|
| 视觉：外观 | | |
| 嗅觉：气味 | | |
| 味觉：味道 | | |
| 评估 | | |
| 葡萄酒与食物的搭配 | | 侍酒温度 |

| 酒样 | | |
|---|---|---|
| 视觉：外观 | | |
| 嗅觉：气味 | | |
| 味觉：味道 | | |
| 评估 | | |
| 葡萄酒与食物的搭配 | | 侍酒温度 |

| 酒样 | | |
|---|---|---|
| 视觉：外观 | | |
| 嗅觉：气味 | | |
| 味觉：味道 | | |
| 评估 | | |
| 葡萄酒与食物的搭配 | | 侍酒温度 |

| 酒样 | | |
|---|---|---|
| 视觉：外观 | | |
| 嗅觉：气味 | | |
| 味觉：味道 | | |
| 评估 | | |
| 葡萄酒与食物的搭配 | | 侍酒温度 |

<table>
<tr><td colspan="3">酒样</td></tr>
<tr><td>视觉：外观</td><td colspan="2"></td></tr>
<tr><td>嗅觉：气味</td><td colspan="2"></td></tr>
<tr><td>味觉：味道</td><td colspan="2"></td></tr>
<tr><td>评估</td><td colspan="2"></td></tr>
<tr><td colspan="2">葡萄酒与食物的搭配</td><td>侍酒温度</td></tr>
</table>

<table>
<tr><td colspan="3">酒样</td></tr>
<tr><td>视觉：外观</td><td colspan="2"></td></tr>
<tr><td>嗅觉：气味</td><td colspan="2"></td></tr>
<tr><td>味觉：味道</td><td colspan="2"></td></tr>
<tr><td>评估</td><td colspan="2"></td></tr>
<tr><td colspan="2">葡萄酒与食物的搭配</td><td>侍酒温度</td></tr>
</table>

# 4 霞多丽、长相思、灰皮诺，琼瑶浆、维欧尼、阿尔巴利诺

## 霞多丽（Chardonnay）

- 适应性强：适合多种气候环境
- 酸度中到高

- 凉爽气候
- 温和气候
- 温暖气候

- 干型
- 酒体从轻盈到饱满
- 适用于多种酿酒工艺
- 用来酿造起泡葡萄酒

- 质量为很好或特好的酒款可以陈年：
  - 榛子
  - 蘑菇

### 气候与成熟度

凉爽气候　温和气候　温暖气候

最不成熟 → 最为成熟

## 酿造过程中的不同选择

- 调整

- 苹果酸 — 乳酸转化

- 酒泥接触

- 橡木

## 法国

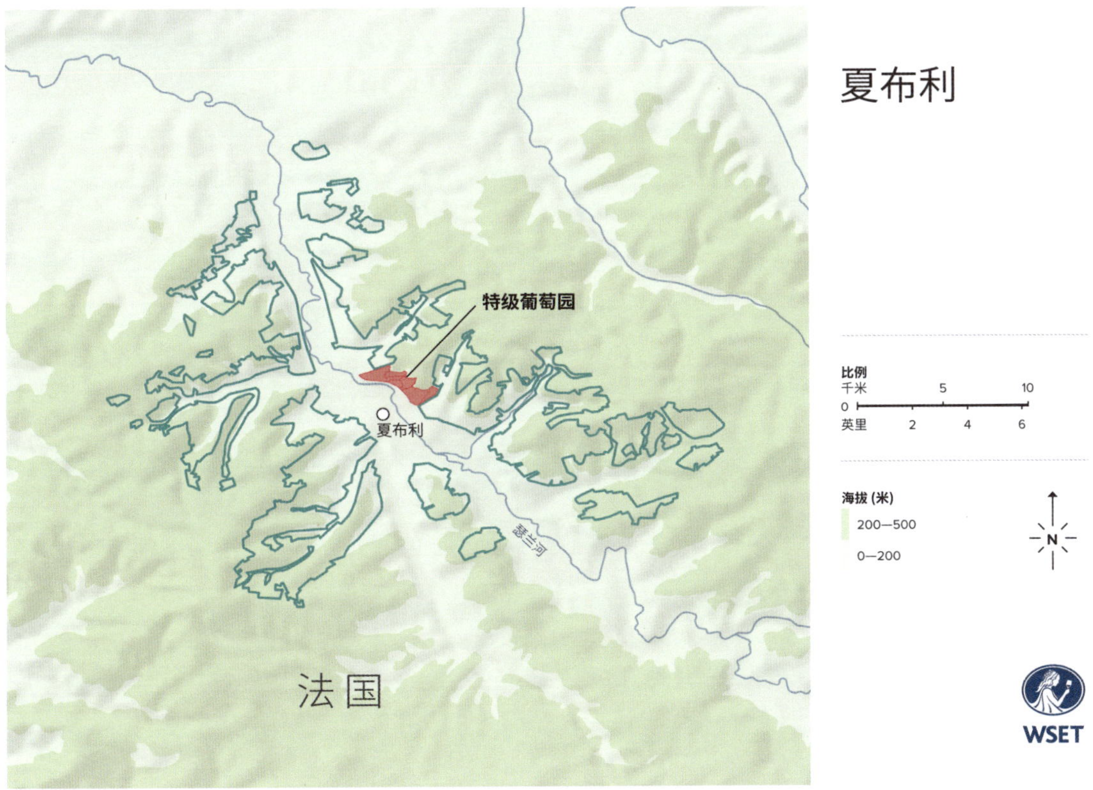

勃艮第运河
第戎
夜丘
金丘
索恩河
博讷
默尔索
博讷丘
普里尼-蒙哈榭
沙尼
47°00′N
中部运河
索恩河畔沙隆
法国
46°30′N
马孔内
马孔
普依-富塞

# 勃艮第

比例
千米 20 40 60
0
英里 10 20 30
海拔 (米)
1000+
500—1000
200—500
0—200
N
WSET

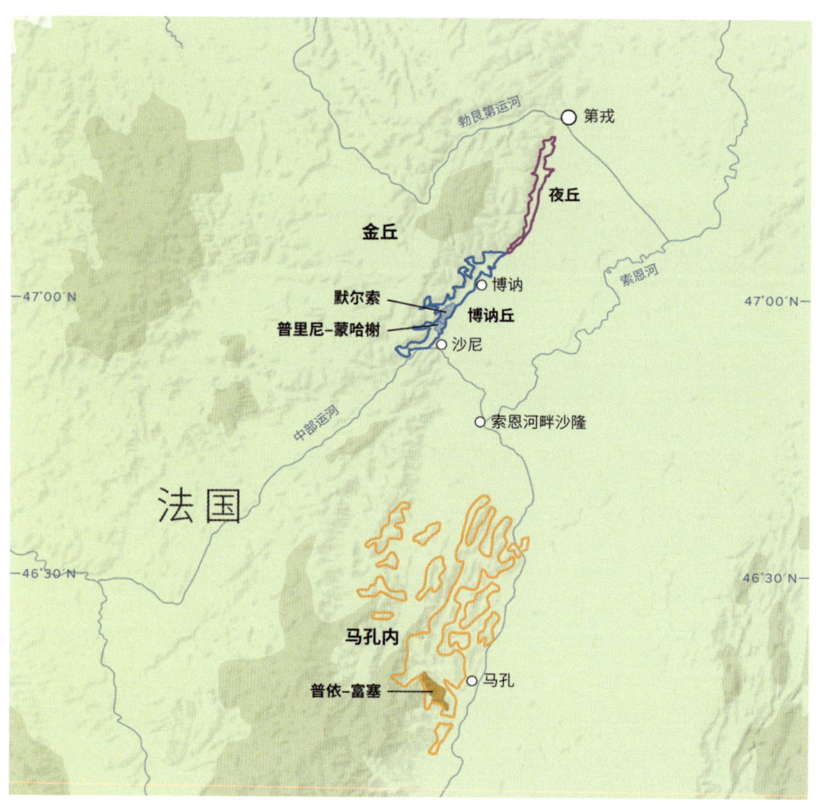

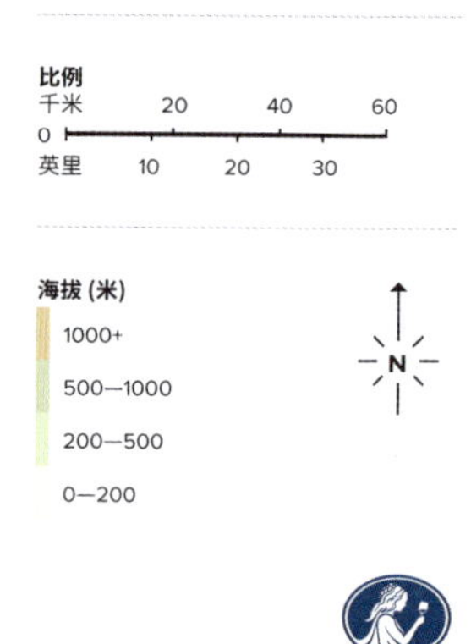

# 长相思（Sauvignon Blanc）

- 酸度高
- 芳香型品种
- 草本植物
- 果香（绿色水果、柑橘类水果、核果、热带水果）

- 凉爽气候
- 温和气候

- 通常为干型
- 轻盈或中等酒体
- 通常不经橡木桶陈年
- 通常用于酿造单一品种葡萄酒（有时与赛美蓉混合）

- 通常适合尽早饮用

## 成熟度

最不成熟　　最为成熟

# 法国

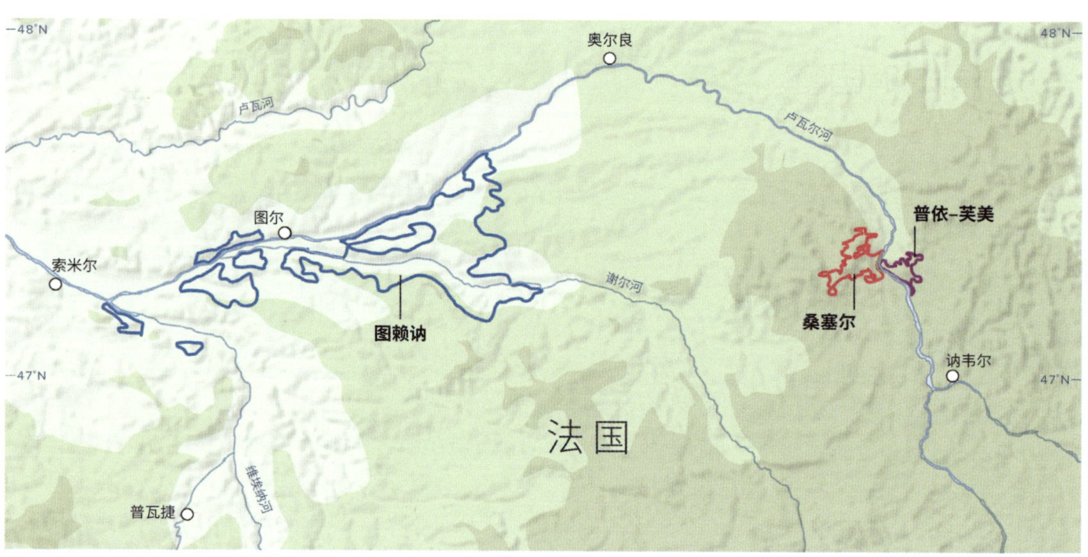


## 卢瓦尔河谷

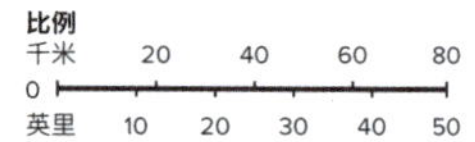


海拔 (米)

0 100 200 500 1000+

# 世界各地的霞多丽与长相思

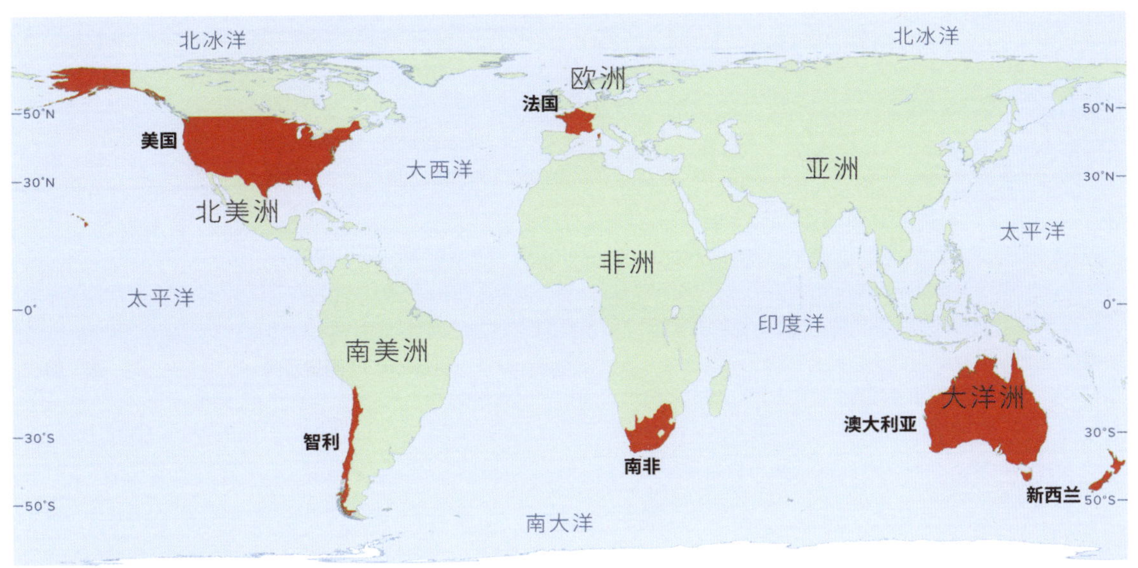


世界葡萄酒产区

比例
千米 0 2500 5000
英里 1000 2000 3000

# 美国

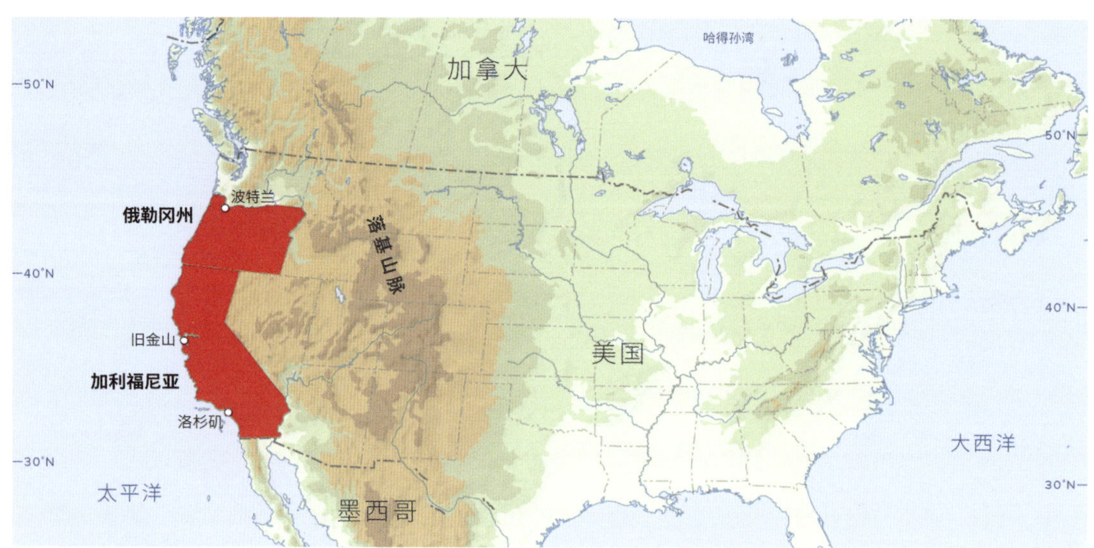


## 美国部分

比例
千米 250 500 750 1000 1250
0
英里 250 500 750

海拔 (米)
0 200 500 1000 2000 4000+

国界
州界

N

WSET

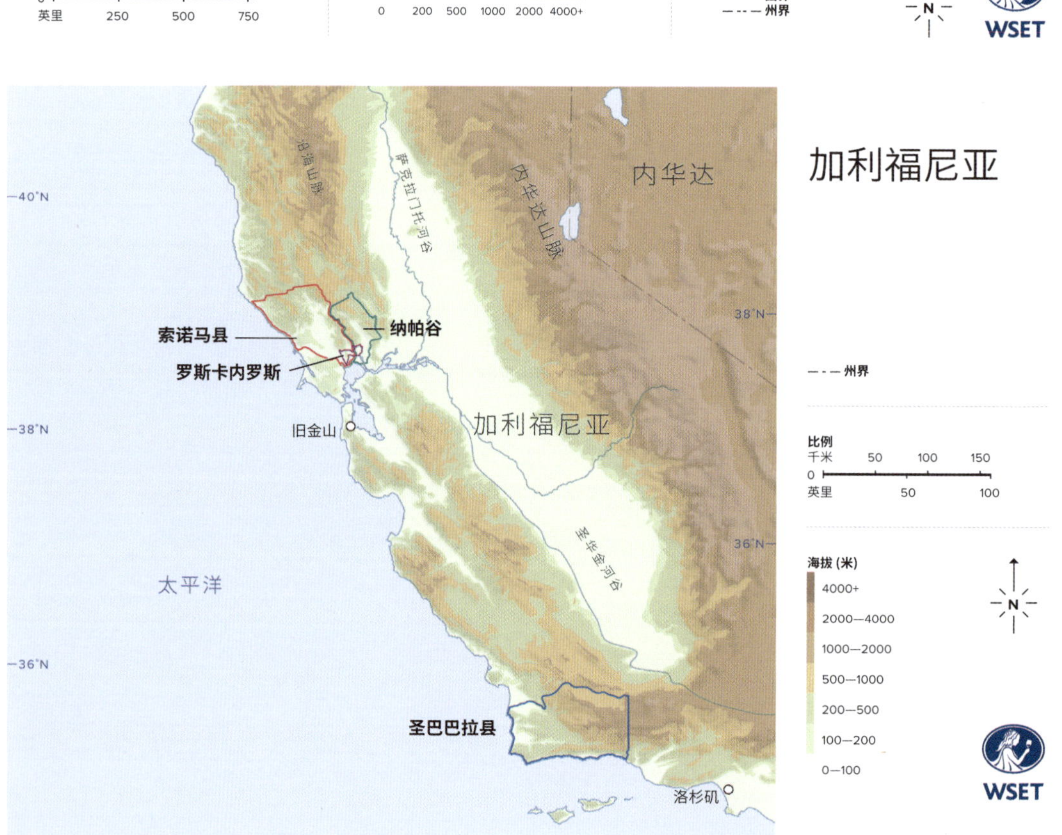


## 加利福尼亚

州界

比例
千米 50 100 150
0
英里 50 100

海拔 (米)
4000+
2000—4000
1000—2000
500—1000
200—500
100—200
0—100

N

WSET

## 智利

智利
太平洋
智利
安第斯山脉
阿根廷
卡萨布兰卡谷
圣地亚哥
30°S
32°S
34°S
36°S
38°S
国界
比例
千米 50 100 150 200
0
英里 25 50 75 100 125
海拔 (米)
6000+
4000—6000
2000—4000
1000—2000
500—1000
200—500
0—200
N
WSET
智利
太平洋
智利
安第斯山脉
阿根廷
中央山谷
圣地亚哥
30°S
32°S
34°S
36°S
38°S
国界
比例
千米 50 100 150 200
0
英里 25 50 75 100 125
海拔 (米)
6000+
4000—6000
2000—4000
1000—2000
500—1000
200—500
0—200
N
WSET

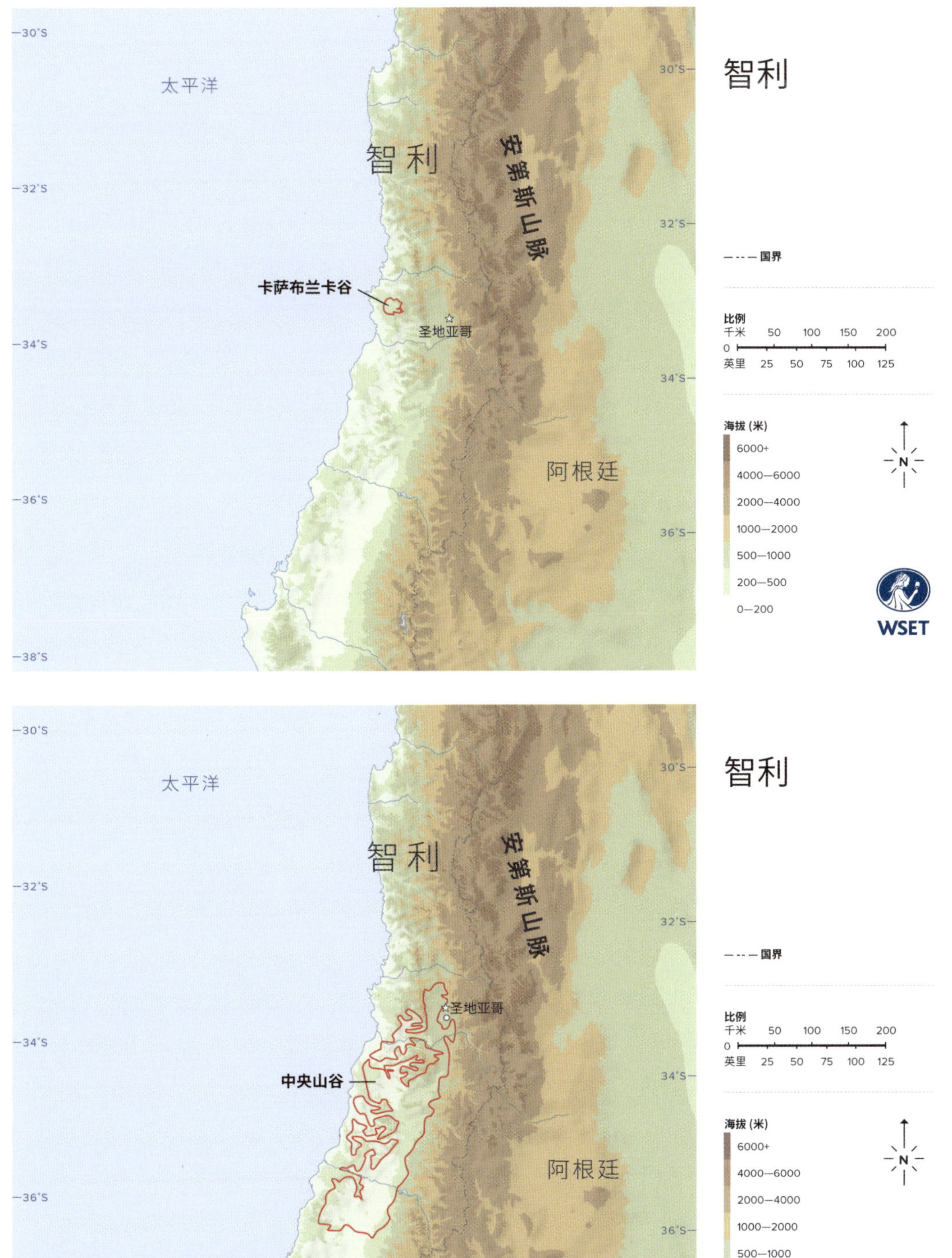

## 南非

大西洋
南非
32°S
西开普省
斯泰伦博斯
开普敦
34°S
埃尔金
康斯坦提亚
沃克湾
印度洋

西开普省

比例
千米 50 100 150 200
0
英里 50 100
海拔（米）
0 200 500 1000 2000+
省界
N
WSET

## 澳大利亚

10°S
达尔文
印度洋
珊瑚海
20°S
北部地区
昆士兰州
西澳大利亚州
布里斯班
南澳大利亚州
30°S
珀斯
新南威尔士州
悉尼
阿德莱德
玛格丽特河
维多利亚州
墨尔本
40°S
澳大利亚东南部
塔斯曼海
塔斯马尼亚州
霍巴特
澳大利亚
国界
州界
比例
千米 250 500 750 1000 1250
0
英里 250 500 750
海拔（米）
2000+
1000—2000
500—1000
200—500
0—200
N
WSET

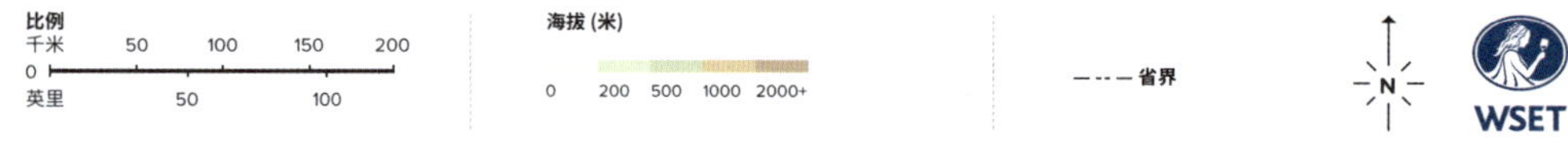

## 南澳大利亚州

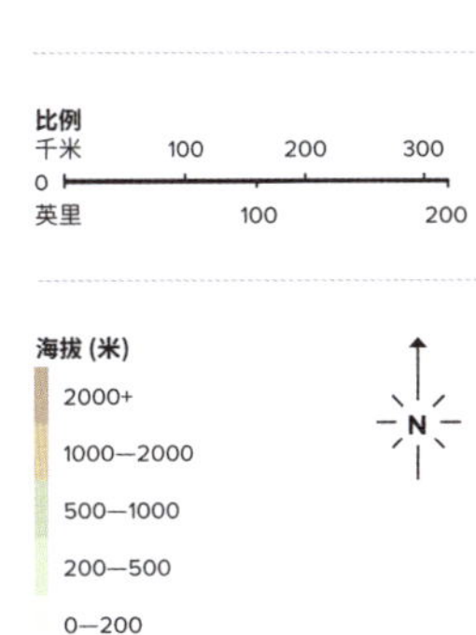

## 维多利亚州和新南威尔士州

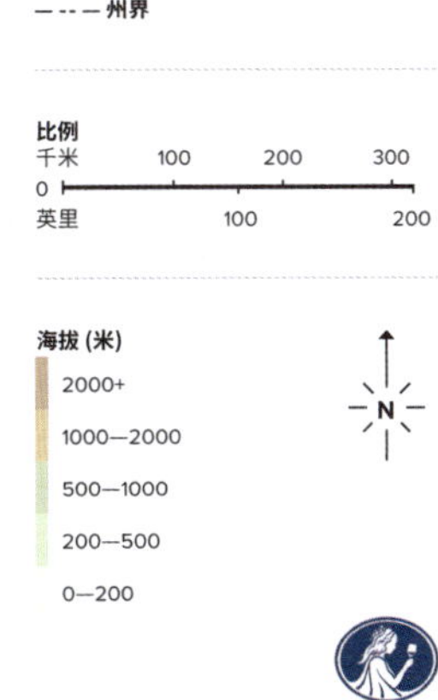

# 新西兰

新西兰
35°S
40°S
45°S
塔斯曼海
奥克兰
霍克湾
北岛
马尔堡
南岛
南阿尔卑斯山脉
克赖斯特彻奇
太平洋
区界
比例
千米 100 200 300 400 500
0
英里 100 200 300
海拔（米）
2000+
1000—2000
500—1000
200—500
0—200
N
WSET

# 灰皮诺（Pinot Grigio/Pinot Gris）

- 酸度中到高

- 凉爽气候
- 温和气候

- 主要有两种风格
- 通常不经橡木桶陈年

- 质量为很好或特好的酒款可以陈年：
  - 蜂蜜
  - 生姜

## 标识为“Pinot Grigio”的酒款

- 干型
- 酸度中到高
- 酒体轻盈
- 口感简单

## 标识为“Pinot Gris”的酒款

- 干型、近乎干型或半甜型
- 酸度中等
- 酒体饱满
- 口感复杂

# 琼瑶浆（Gewurztraminer）

- 酸度低到中
- 芳香型品种
- 花香：玫瑰
- 核果：桃、杏
- 热带水果：荔枝

- 凉爽气候
- 温和气候

- 从干型到甜型
- 酒体饱满
- 通常不经橡木桶陈年

- 质量为很好或特好的酒款可以陈年：
  - 蜂蜜
  - 果干

## 阿尔萨斯的酒标术语

# 维欧尼（Viognier）

- 酸度低到中
- 酒精度高
- 芳香型品种
- 花香：花丛
- 核果：桃、杏

- 温和气候

- 通常为干型
- 酒体中等到饱满
- 经过 / 不经橡木桶陈年
- 用于酿造单一品种或混合葡萄酒

## 法国

罗讷河北部

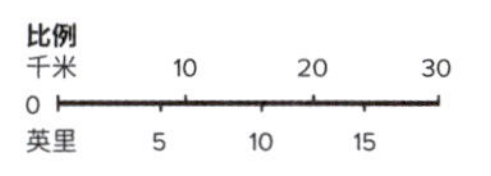


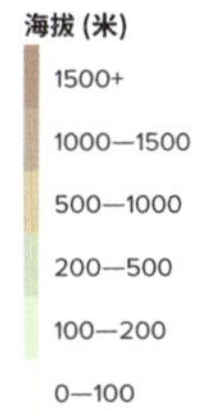

# 阿尔巴利诺（Albariño）

- 酸度高
- 柑橘类水果：柠檬、西柚
- 核果：桃、杏

- 温和气候

- 通常为干型
- 酒体中等
- 经过 / 不经橡木桶陈年
- 用于酿造单一品种葡萄酒

- 通常适合尽早饮用

## 西班牙

| 酒样 | | |
| --- | --- | --- |
| 视觉：外观 | | |
| 嗅觉：气味 | | |
| 味觉：味道 | | |
| 评估 | | |
| 葡萄酒与食物的搭配 | | 侍酒温度 |

| 酒样 | | |
| --- | --- | --- |
| 视觉：外观 | | |
| 嗅觉：气味 | | |
| 味觉：味道 | | |
| 评估 | | |
| 葡萄酒与食物的搭配 | | 侍酒温度 |

| 酒样 | | |
|---|---|---|
| 视觉：外观 | | |
| 嗅觉：气味 | | |
| 味觉：味道 | | |
| 评估 | | |
| 葡萄酒与食物的搭配 | | 侍酒温度 |

| 酒样 | | |
|---|---|---|
| 视觉：外观 | | |
| 嗅觉：气味 | | |
| 味觉：味道 | | |
| 评估 | | |
| 葡萄酒与食物的搭配 | | 侍酒温度 |

| 酒样 | |
|---|---|
| 视觉：外观 | |
| 嗅觉：气味 | |
| 味觉：味道 | |
| 评估 | |
| 葡萄酒与食物的搭配 | 侍酒温度 |

| 酒样 | |
|---|---|
| 视觉：外观 | |
| 嗅觉：气味 | |
| 味觉：味道 | |
| 评估 | |
| 葡萄酒与食物的搭配 | 侍酒温度 |

# 5 梅洛、赤霞珠、西拉 / 西拉子

## 梅洛（Merlot）

- 酸度中等
- 单宁中等
- 水果特征因成熟度而异

- 温和气候
- 温暖气候

- 用于酿造单一品种或混合葡萄酒
- 口感简单或复杂
- 酒体从轻盈到饱满
- 经过 / 不经橡木桶陈年

- 质量为很好或特好的酒款可以陈年：
  - 果干
  - 烟草

### 成熟度

最不成熟 → 最为成熟

# 赤霞珠（Cabernet Sauvignon）

- 果皮厚
- 酸度高
- 单宁高
- 黑色水果
- 草本植物

- 温和气候
- 温暖气候

- 用于酿造单一品种或混合葡萄酒
- 口感简单或复杂
- 酒体中等到饱满
- 通常会在橡木桶中陈年

- 质量为很好或特好的酒款可以陈年：
  - 果干
  - 泥土
  - 森林地表

### 成熟度

最不成熟 → 最为成熟

# 将梅洛与赤霞珠混合

### 梅洛

通常将之与赤霞珠等单宁高的品种混合：

- 为了降低单宁含量与酸度
- 使酒款适合较早饮用
- 为混合酒款添加红色水果风味

### 赤霞珠

通常将之与单宁含量和酸度较低的品种混合，如梅洛：

- 若酒液的酸度过低，可用以平衡葡萄酒的酸度
- 增添单宁以形成某种特定风格

# 梅洛与赤霞珠

## 法国

法国
波尔多
吉伦特河
波亚克
上梅多克
玛歌
圣埃美隆
波美侯
利布尔讷
波尔多
多尔多涅河
佩萨克-雷奥良
格拉夫
加龙河
45°30′N
45°00′N
44°30′N
波尔多法定产区
比例
千米 10 20 30 40 50
0
英里 10 20 30
海拔 (米)
100—200
0—100
N
WSET

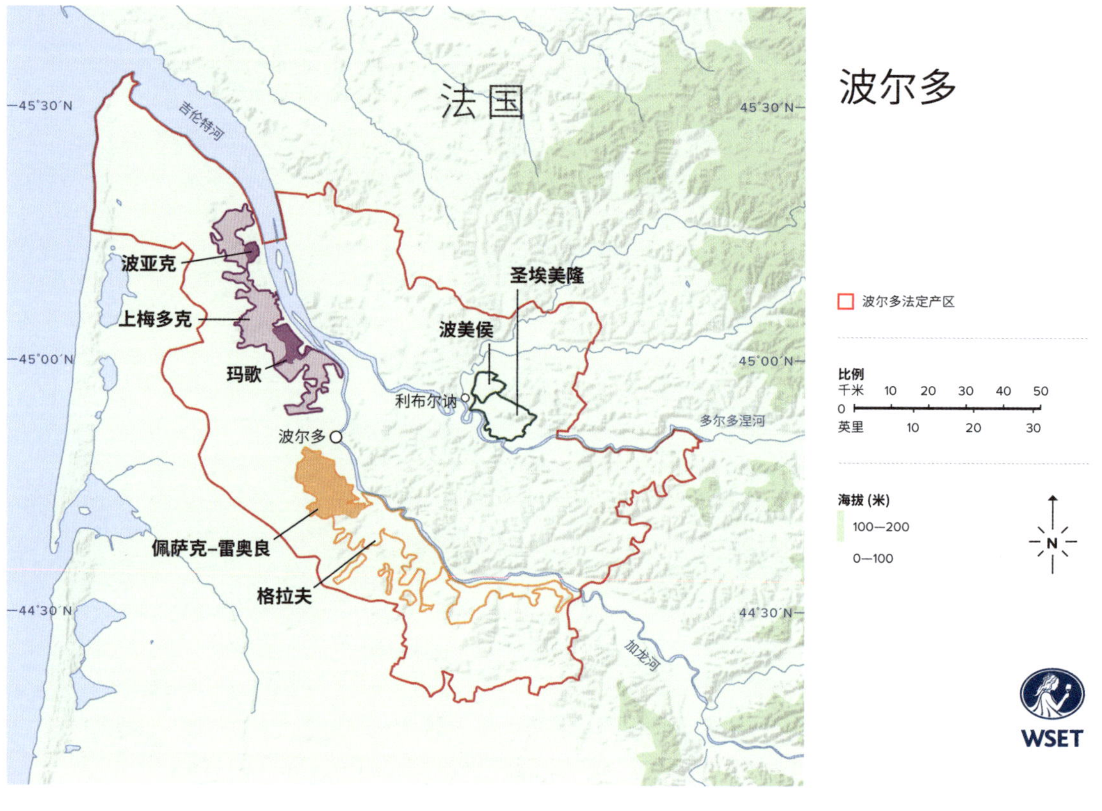

## 波尔多的法定产区

La Vache Noire
BORDEAUX
APPELLATION BORDEAUX CONTRÔLÉE

Château La Famille-Claire
La Vache Noire
BORDEAUX
SUPÉRIEUR
APPELLATION BORDEAUX SUPÉRIEUR CONTRÔLÉE

GRAND VIN
Château
Baron-Moss
PAUILLAC
APPELLATION PAUILLAC CONTRÔLÉE

Château de la Chapelle
SAINT-ÉMILION GRAND CRU
APPELLATION SAINT-ÉMILION GRAND CRU CONTRÔLÉE

## 波尔多分级

# 世界各地的梅洛与赤霞珠

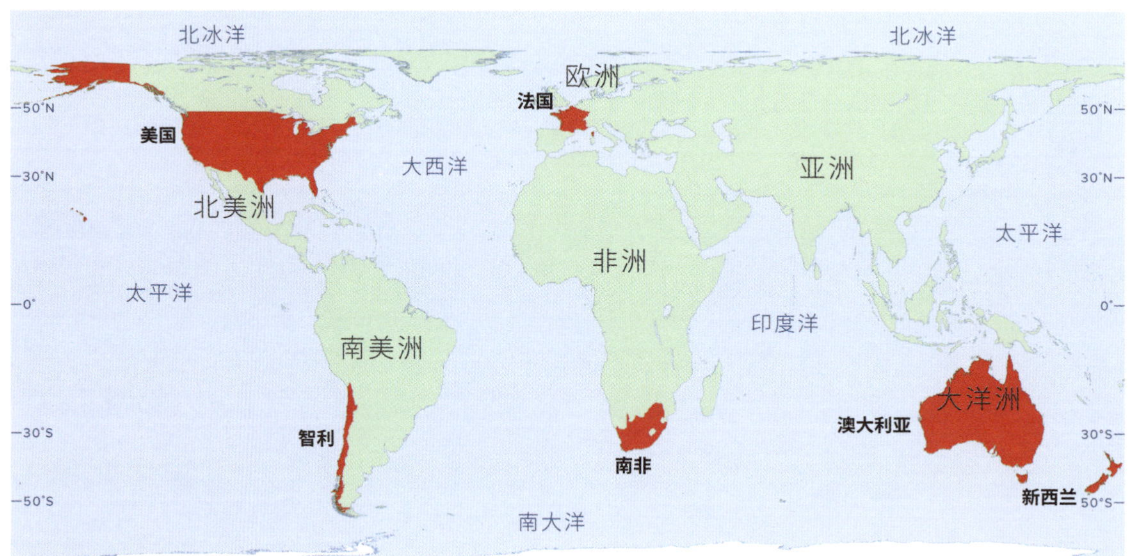


世界葡萄酒产区

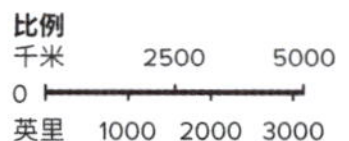

# 美国

## 加利福尼亚

州界

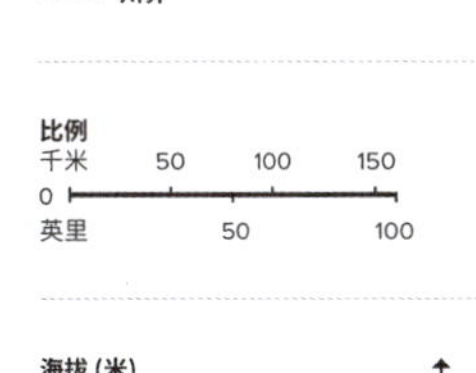


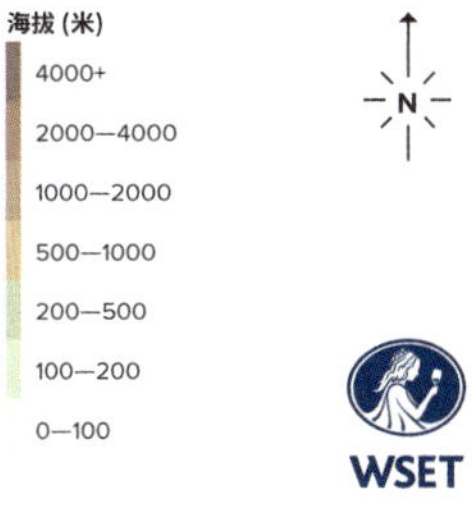

## 纳帕谷

县界

纳帕谷

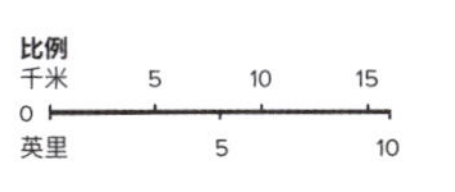


海拔 (米)
1000+
500—1000
200—500
100—200
0—100

## 智利

30°S
32°S
34°S
36°S
38°S
太平洋
智利
安第斯山脉
圣地亚哥
迈坡山谷
科尔查瓜谷
中央山谷
阿根廷
智利
国界
比例
千米 0 50 100 150 200
英里 25 50 75 100 125
海拔 (米)
6000+
4000—6000
2000—4000
1000—2000
500—1000
200—500
0—200
N
WSET

## 南非

32°S
34°S
大西洋
南非
西开普省
斯泰伦博斯
开普敦
斯泰伦博斯
印度洋

西开普省
比例
千米 0 50 100 150 200
英里 50 100
海拔 (米)
0 200 500 1000 2000+
省界
N
WSET

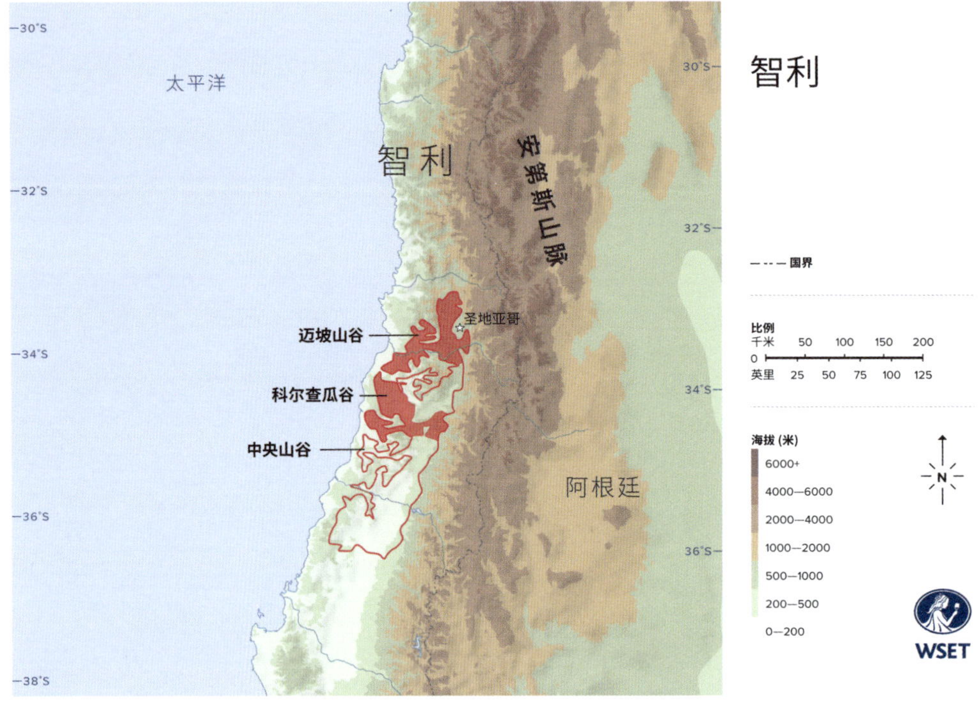

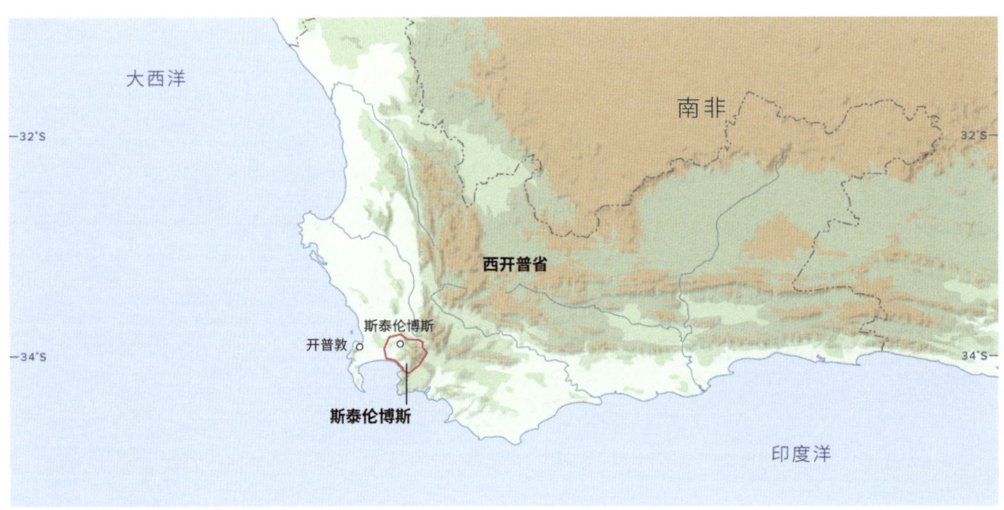

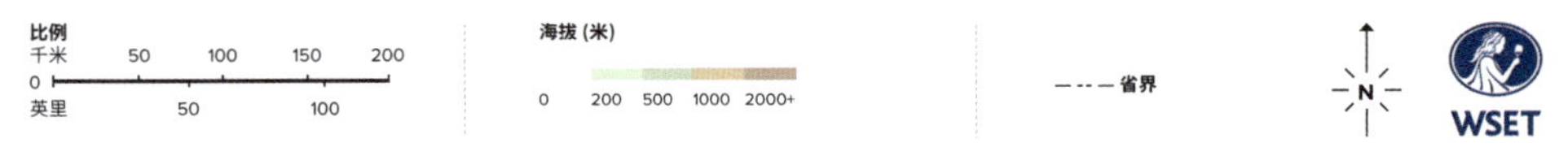

## 澳大利亚

10°S
20°S
30°S
40°S
达尔文
印度洋
珊瑚海
北部地区
昆士兰州
西澳大利亚州
布里斯班
南澳大利亚州
新南威尔士州
珀斯
悉尼
阿德莱德
玛格丽特河
维多利亚州
墨尔本
塔斯曼海
塔斯马尼亚州
霍巴特

澳大利亚
国界
州界
比例
千米 250 500 750 1000 1250
0
英里 250 500 750
海拔(米)
2000+
1000—2000
500—1000
200—500
0—200
N
WSET

南澳大利亚州
新南威尔士州
墨累河
斯潘塞湾
阿德莱德
35°S
40°S
坎加鲁岛
因康特湾
维多利亚州
库纳瓦拉
南大洋

南澳大利亚州
州界
比例
千米 100 200 300
0
英里 100 200
海拔(米)
2000+
1000—2000
500—1000
200—500
0—200
N
WSET

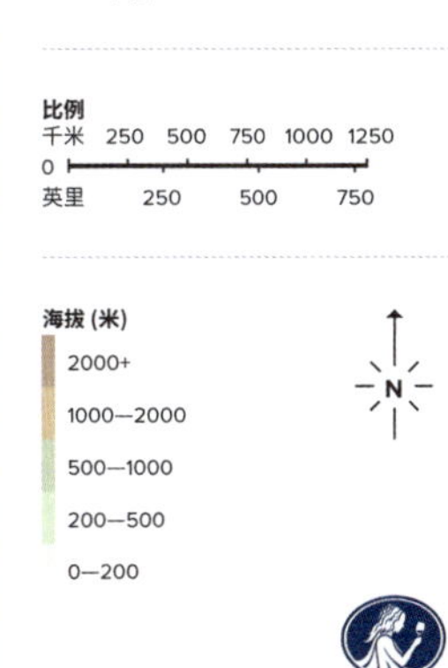

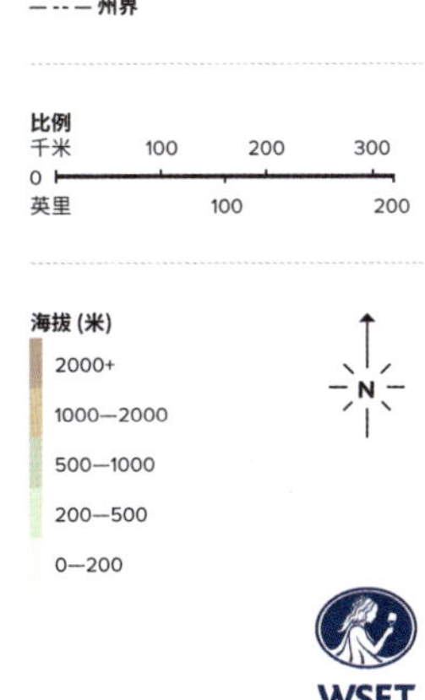

## 新西兰

新西兰
35°S
40°S
45°S
塔斯曼海
奥克兰
霍克湾
北岛
南岛
南阿尔卑斯山脉
克赖斯特彻奇
太平洋
— ·· — 区界
比例
千米 100 200 300 400 500
0
英里 100 200 300
海拔 (米)
2000+
1000—2000
500—1000
200—500
0—200
N
WSET

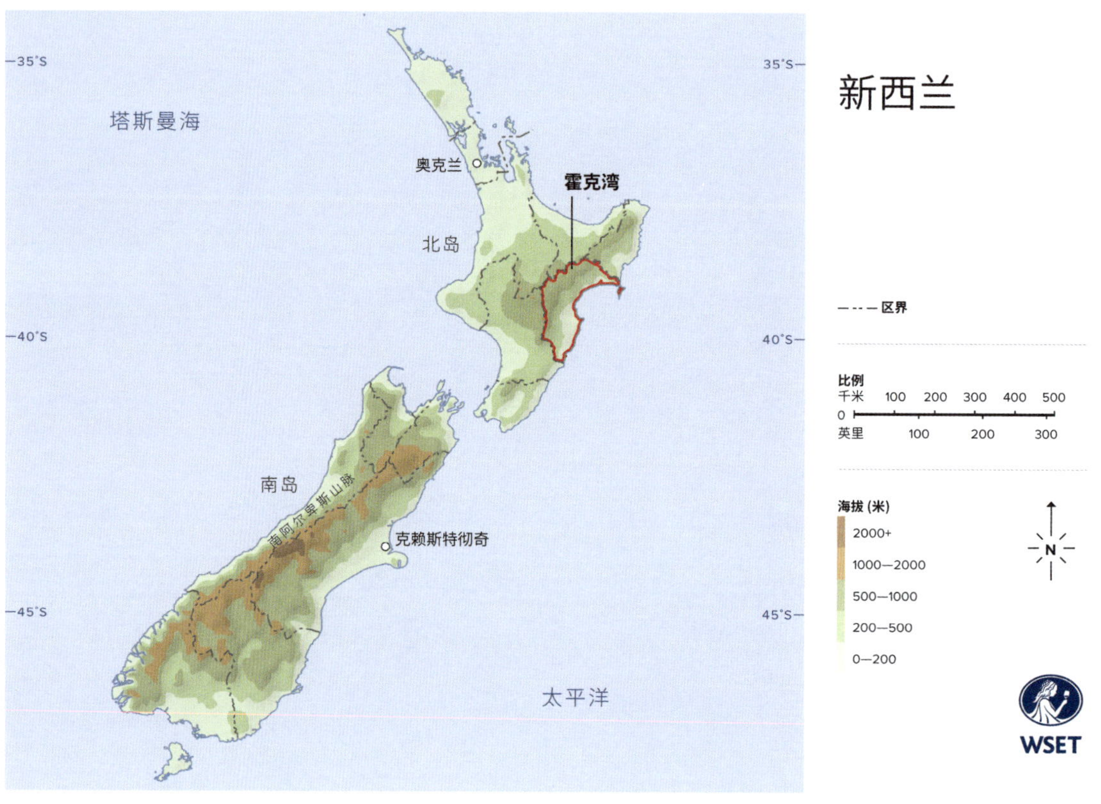

# 西拉 / 西拉子（Syrah/Shiraz）

- 果皮厚
- 单宁中到高
- 酸度中到高
- 黑色水果
- 香料

- 温和气候
- 温暖气候

- 用于酿造单一品种或混合葡萄酒
- 酒体中等到饱满
- 通常会在橡木桶中陈年

- 质量为很好或特好的葡萄酒可以陈年：
  - 果干
  - 皮革
  - 肉
  - 泥土

## 成熟度

最不成熟　→　最为成熟

## 法国

罗讷河北部

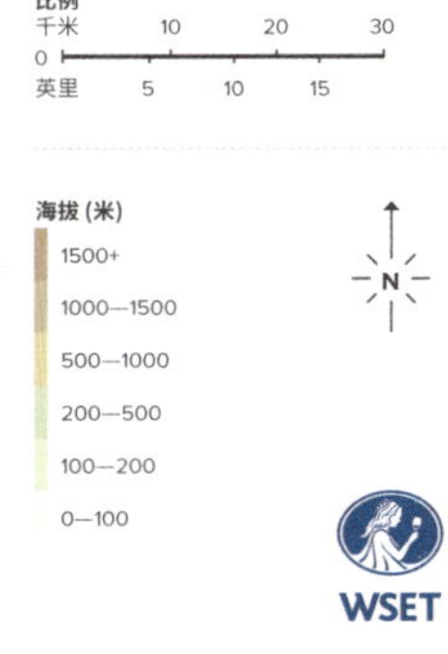

## 澳大利亚

印度洋
达尔文
珊瑚海
北部地区
昆士兰州
西澳大利亚州
南澳大利亚州
布里斯班
新南威尔士州
珀斯
悉尼
阿德莱德
维多利亚州
墨尔本
澳大利亚东南部
塔斯曼海
塔斯马尼亚州
霍巴特
10°S
20°S
30°S
40°S

澳大利亚大区
国界
州界
比例
千米 250 500 750 1000 1250
0
英里 250 500 750
海拔（米）
2000+
1000—2000
500—1000
200—500
0—200
N
WSET

南澳大利亚州
新南威尔士州
墨累河
斯潘塞湾
阿德莱德
巴罗萨谷
坎加鲁岛
因康特湾
维多利亚州
南大洋
35°S
40°S

南澳大利亚州
州界
比例
千米 100 200 300
0
英里 100 200
海拔（米）
2000+
1000—2000
500—1000
200—500
0—200
N
WSET

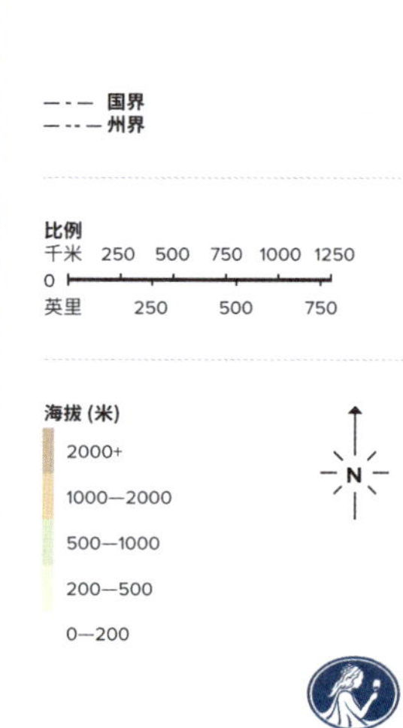

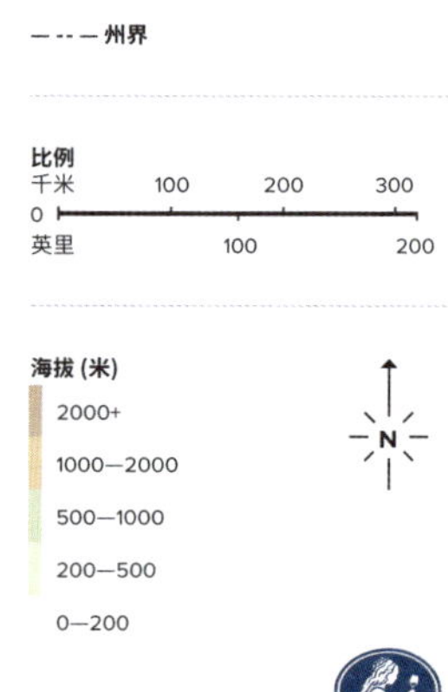

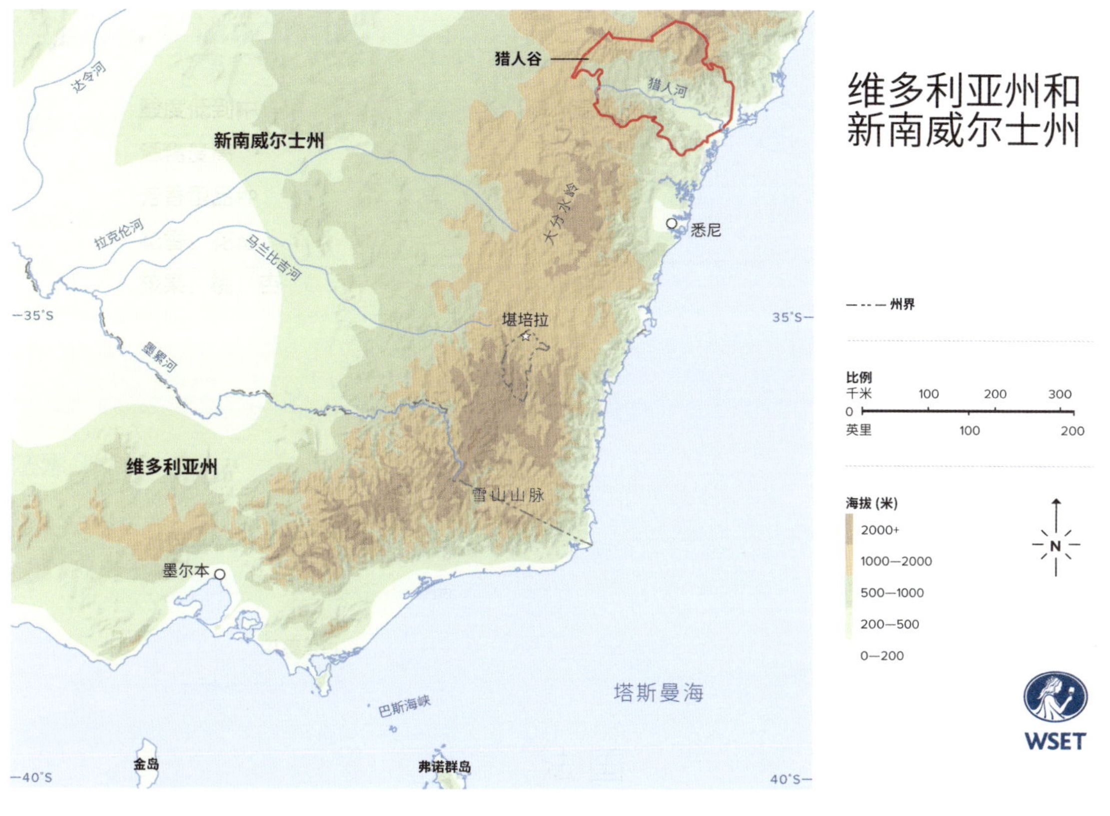
维多利亚州和新南威尔士州
猎人谷
猎人河
达令河
新南威尔士州
拉克伦河
马兰比吉河
大分水岭
悉尼
墨累河
堪培拉
-35°S
35°S-
维多利亚州
雪山山脉
墨尔本
塔斯曼海
巴斯海峡
金岛
弗诺群岛
-40°S
40°S-
州界
比例
千米
0
100
200
300
英里
100
200
海拔（米）
2000+
1000—2000
500—1000
200—500
0—200
N
WSET

<table>
<tr><td colspan="2">酒样</td></tr>
<tr><td>视觉：外观</td><td></td></tr>
<tr><td>嗅觉：气味</td><td></td></tr>
<tr><td>味觉：味道</td><td></td></tr>
<tr><td>评估</td><td></td></tr>
<tr><td>葡萄酒与食物的搭配</td><td>侍酒温度</td></tr>
</table>

<table>
<tr><td colspan="2">酒样</td></tr>
<tr><td>视觉：外观</td><td></td></tr>
<tr><td>嗅觉：气味</td><td></td></tr>
<tr><td>味觉：味道</td><td></td></tr>
<tr><td>评估</td><td></td></tr>
<tr><td>葡萄酒与食物的搭配</td><td>侍酒温度</td></tr>
</table>

| 酒样 | |
|---|---|
| 视觉：外观 | |
| 嗅觉：气味 | |
| 味觉：味道 | |
| 评估 | |
| 葡萄酒与食物的搭配 | 侍酒温度 |

| 酒样 | |
|---|---|
| 视觉：外观 | |
| 嗅觉：气味 | |
| 味觉：味道 | |
| 评估 | |
| 葡萄酒与食物的搭配 | 侍酒温度 |

| 酒样 | | |
|---|---|---|
| 视觉：外观 | | |
| 嗅觉：气味 | | |
| 味觉：味道 | | |
| 评估 | | |
| 葡萄酒与食物的搭配 | | 侍酒温度 |

| 酒样 | | |
|---|---|---|
| 视觉：外观 | | |
| 嗅觉：气味 | | |
| 味觉：味道 | | |
| 评估 | | |
| 葡萄酒与食物的搭配 | | 侍酒温度 |

# 6
# 佳美、加尔纳恰 / 歌海娜、丹魄、佳美娜、马尔贝克、皮诺塔吉

## 佳美（Gamay）

- 酸度高
- 单宁低至中
- 红色水果：覆盆子、红樱桃、红李子

- 温和气候

- 通常有轻盈至中度的酒体
- 通常不经橡木桶陈年
- 某些酿酒工艺会增添香蕉与糖果的香气与风味

- 通常适合尽早饮用

## 法国

法国
博若莱
马孔
A6 高速公路
弗勒里
索恩河
46°N
索恩河畔自由城
A6 高速公路
罗讷河
里昂
博若莱
博若莱村庄
博若莱特级村庄级
比例
千米 5 10 15 20
0
英里 5 10
海拔 (米)
1000+
500—1000
200—500
0—200
N
WSET

LES FRÈRES
Beaujolais
APPELLATION BEAUJOLAIS CONTRÔLÉE

LES FRÈRES
Beaujolais Villages
APPELLATION BEAUJOLAIS VILLAGES CONTRÔLÉE

LES FRÈRES
Fleurie
APPELLATION FLEURIE CONTRÔLÉE

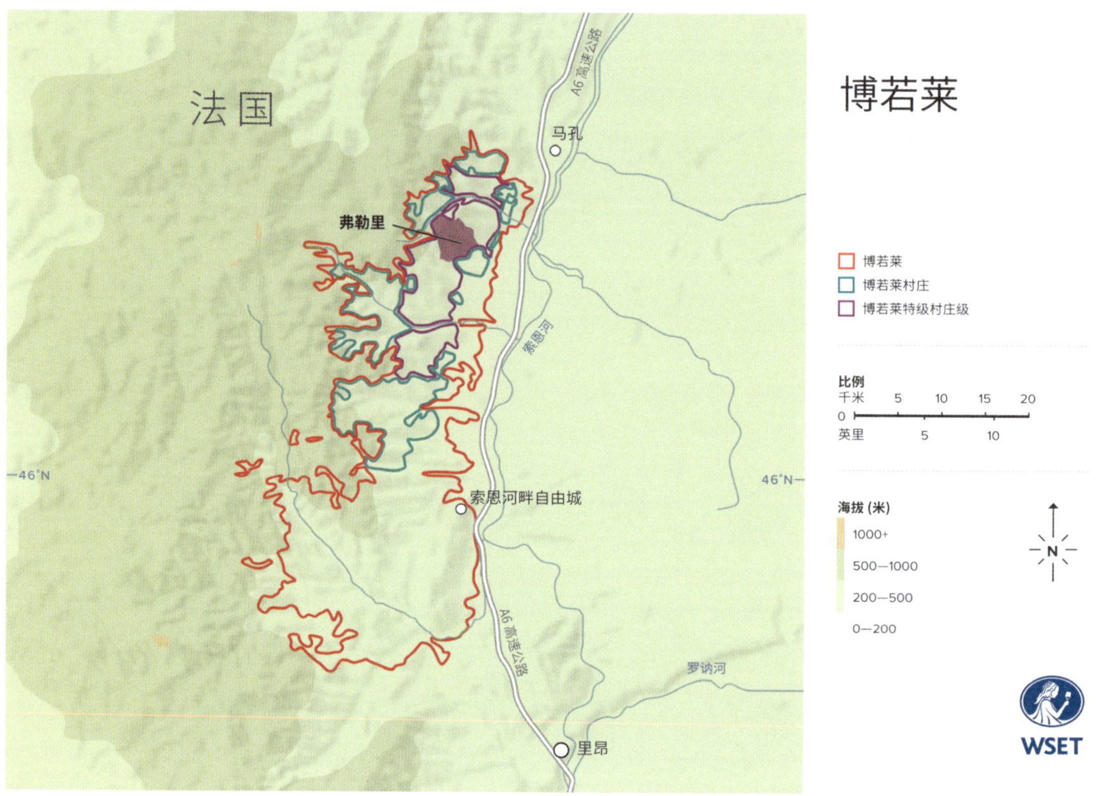

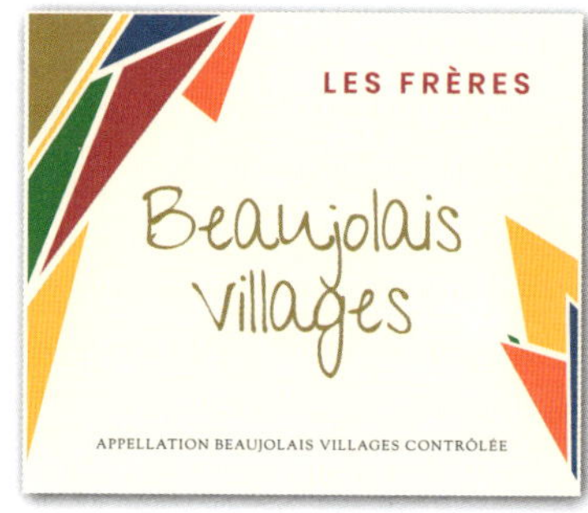

# 加尔纳恰 / 歌海娜（Garnacha / Grenache）

- 果皮薄
- 单宁低至中
- 酸度低
- 含糖量高
- 红色水果：草莓、红李子、红樱桃
- 香料：白胡椒、甘草

- 温暖气候

- 通常用于调配混合葡萄酒
- 经过 / 不经橡木桶陈年
- 红葡萄酒或桃红葡萄酒

- 质量为很好或特好的酒款可以陈年：
  - 泥土
  - 肉
  - 果干

## 法国

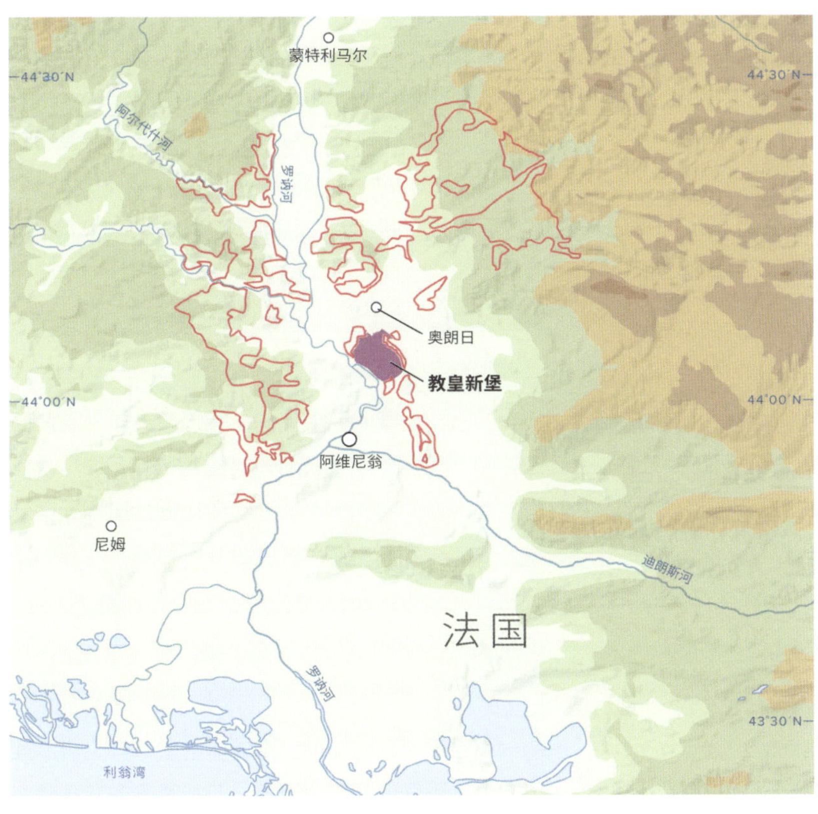


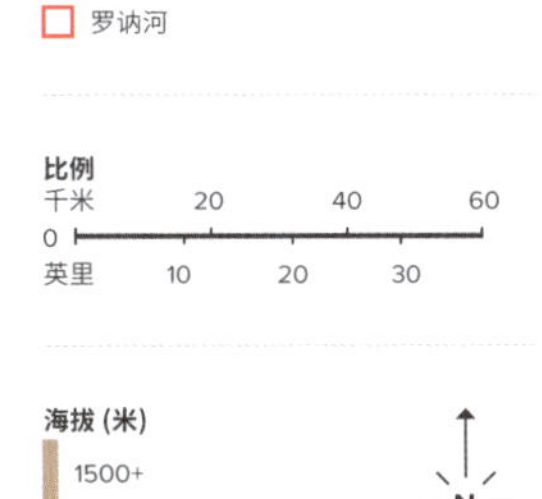


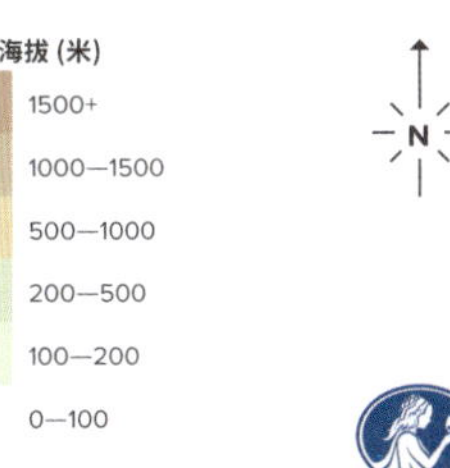

La Roche Dentelée
Côtes du Rhône
APPELLATION CÔTES DU RHÔNE CONTRÔLÉE
Elevé et mis en bouteille par La Roche Dentelée – Rhône

La Roche Dentelée
Côtes du Rhône Villages
APPELLATION CÔTES DU RHÔNE VILLAGES CONTRÔLÉE
Elevé et mis en bouteille par La Roche Dentelée – Rhône

La Roche Dentelée
Châteauneuf-du-Pape
APPELLATION CHÂTEAUNEUF-DU-PAPE CONTRÔLÉE
Elevé et mis en bouteille par La Roche Dentelée – Rhône

## 西班牙

西班牙
比斯开湾
法国
44°N
42°N
40°N
38°N
36°N
拉科鲁尼亚
桑坦德
纳瓦拉
潘普洛纳
坎塔布连山脉
埃布罗河
比利牛斯山脉
安道尔
维哥
莱昂
米尼奥河
巴利亚多利德
里奥哈
萨拉戈萨
波尔图
巴塞罗那
多鲁(杜罗)河
杜罗河
葡萄牙
格雷多斯山脉
马德里
古达尔山脉
普里奥拉
帕尔马
特茹河
塔霍河
西班牙
巴伦西亚
里斯本
巴达霍斯
瓜迪亚纳河
胡卡尔河
阿利坎特
瓜达尔基维尔河
塞维利亚
内华达山脉
地中海
法鲁
加的斯
马拉加
大西洋
摩洛哥
阿尔及利亚
— - - — 国界
比例
千米 50 100 150 200 250
0
英里 50 100 150
海拔(米)
2000+
1000—2000
500—1000
200—500
0—200
N
WSET

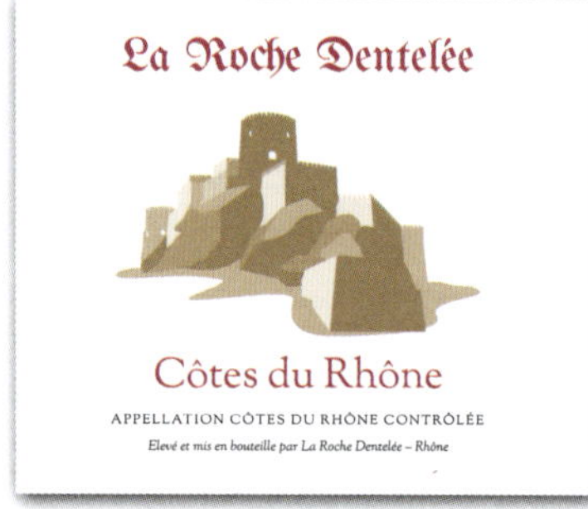

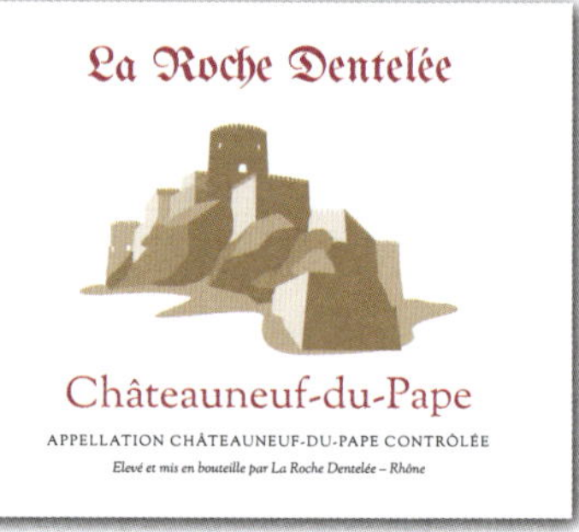

## 澳大利亚

南澳大利亚州
新南威尔士州
维多利亚州
墨累河
斯潘塞湾
阿德莱德
巴罗萨谷
坎加鲁岛
迈拉仑维尔
因康特湾
南大洋
35°S
40°S
南澳大利亚州
州界
比例
千米 0 100 200 300
英里 100 200
海拔 (米)
2000+
1000—2000
500—1000
200—500
0—200
N
WSET

# 丹魄（Tempranillo）

- 酸度中等
- 单宁中等
- 红色水果：草莓、红樱桃
- 黑色水果：黑莓、黑李子

- 温和气候
- 温暖气候

- 口感简单或复杂
- 酒体中等到饱满
- 经过 / 不经橡木桶陈年
- 用于酿造混合或单一品种葡萄酒

- 质量为很好或特好的酒款可以陈年：
  - 果干
  - 皮革
  - 蘑菇

## 西班牙

### 原产地保护标签（Protected Designation of Origin，简称 PDO）

| 国 家 | 原产地保护标签酒标术语 |
| --- | --- |
| 西班牙 | 法定产区（Denominación de Origen，简称 DO）<br>优质法定产区（Denominación de Origen Calificada，简称 DOCa） |

### 地理标志保护标签（Protected Geographical Indication，简称 PGI）

| 国 家 | 地理标志保护标签酒标术语 |
| --- | --- |
| 西班牙 | 乡村餐酒（Vino de la Tierra） |

## 西班牙的酒标术语

陈年

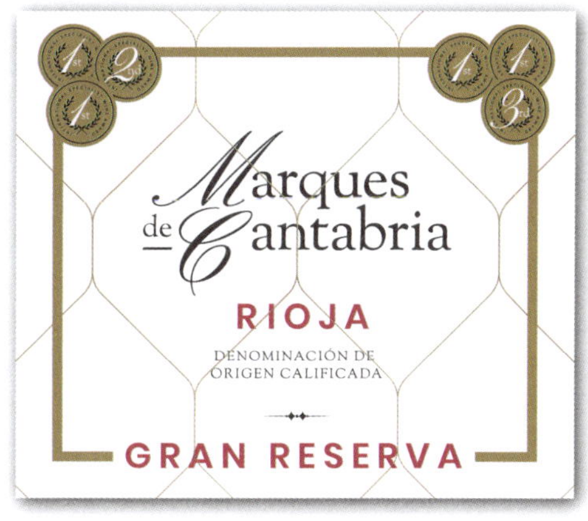

# 佳美娜（Carmenère）

- 酸度中到高
- 单宁高
- 草本植物：青圆椒
- 黑色水果：黑莓

- 温暖气候

- 用于酿造混合或单一品种葡萄酒
- 酒体饱满
- 通常会在橡木桶中陈年

- 质量为很好或特好的酒款可以陈年：
  - 皮革
  - 泥土

# 马尔贝克（Malbec）

- 单宁高
- 黑色水果：黑莓、黑李子

- 温暖气候

- 用于酿造混合或单一品种葡萄酒
- 酒体饱满
- 通常会在橡木桶中陈年

- 质量为很好或特好的酒款可以陈年：
  - 果干
  - 肉

## 智利与阿根廷

智利与阿根廷
太平洋
智利
安第斯山脉
阿根廷
中央山谷
圣地亚哥
门多萨
乌拉圭
布宜诺斯艾利斯
大西洋
30°S
35°S
40°S
①巴拉圭
②巴西
国界
比例
千米
0
200
400
英里
100
200
海拔 (米)
6000+
4000—6000
2000—4000
1000—2000
500—1000
200—500
0—200
N
WSET

# 皮诺塔吉（Pinotage）

- 酸度高
- 单宁中等
- 红色水果：草莓、红樱桃、红李子
- 黑色水果：黑莓

- 温暖气候

- 混合或单一品种葡萄酒
- 酒体中等到饱满
- 从橡木中获得浓郁的风味：咖啡、巧克力、烟熏味

- 质量为很好或特好的酒款可以陈年

## 南非

| 酒样 | | |
| --- | --- | --- |
| 视觉：外观 | | |
| 嗅觉：气味 | | |
| 味觉：味道 | | |
| 评估 | | |
| 葡萄酒与食物的搭配 | | 侍酒温度 |

| 酒样 | | |
| --- | --- | --- |
| 视觉：外观 | | |
| 嗅觉：气味 | | |
| 味觉：味道 | | |
| 评估 | | |
| 葡萄酒与食物的搭配 | | 侍酒温度 |

| 酒样 | | |
|---|---|---|
| 视觉：外观 | | |
| 嗅觉：气味 | | |
| 味觉：味道 | | |
| 评估 | | |
| 葡萄酒与食物的搭配 | | 侍酒温度 |


| 酒样 | | |
|---|---|---|
| 视觉：外观 | | |
| 嗅觉：气味 | | |
| 味觉：味道 | | |
| 评估 | | |
| 葡萄酒与食物的搭配 | | 侍酒温度 |

| 酒样 | |
|---|---|
| 视觉：外观 | |
| 嗅觉：气味 | |
| 味觉：味道 | |
| 评估 | |
| 葡萄酒与食物的搭配 | 侍酒温度 |

| 酒样 | |
|---|---|
| 视觉：外观 | |
| 嗅觉：气味 | |
| 味觉：味道 | |
| 评估 | |
| 葡萄酒与食物的搭配 | 侍酒温度 |

# 7
# 柯蒂斯、卡尔卡耐卡、维蒂奇诺、菲亚诺，内比奥罗、巴贝拉、科维纳、桑娇维塞、蒙特普齐亚诺

# 意大利的酒标术语

### 原产地保护标签（Protected Designation of Origin，简称 PDO）

| 国　家 | 原产地保护标签酒标术语 |
|---|---|
| 意大利 | 法定产区（Denominazione di Origine Controllata，简称 DOC）<br>优质法定产区（Denominazione di Origine Controllata e Garantita，简称 DOCG） |

### 地理标志保护标签（Protected Geographical Indication，简称 PGI）

| 国　家 | 地理标志保护标签酒标术语 |
|---|---|
| 意大利 | 地区葡萄酒（Indicazione Geografica Tipica，简称 IGT） |

# 柯蒂斯（Cortese）

- 酸度高
- 花香：花丛
- 绿色水果：苹果、梨
- 柑橘类水果：柠檬

- 干型
- 酒体轻盈
- 不经橡木桶陈年

- 通常适合尽早饮用

意大利北部

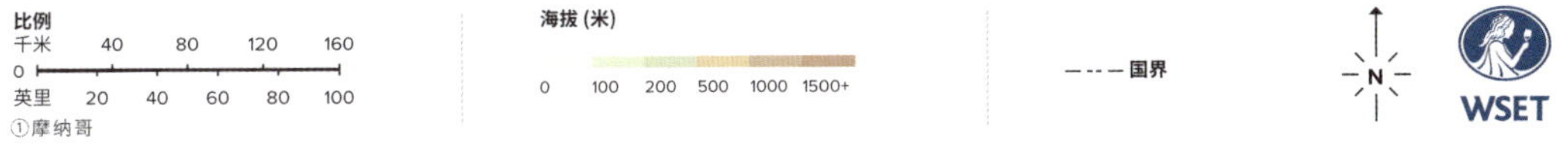

# 卡尔卡耐卡（Garganega）

- 酸度高
- 绿色水果：苹果、梨
- 柑橘类水果：柠檬
- 核果：桃

- 干型或甜型
- 酒体中等
- 不经橡木桶陈年

- 通常适合尽早饮用
- 质量为很好或特好的酒款可以陈年：
  - 蜂蜜
  - 杏仁

## 意大利北部

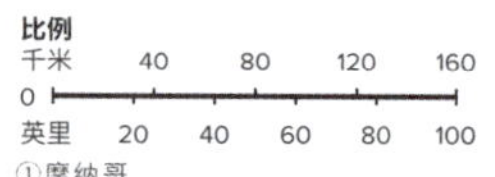


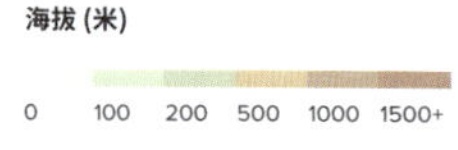


--·-- 国界

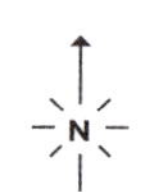

# 维蒂奇诺（Verdicchio）

- 酸度高
- 绿色水果：苹果、梨
- 柑橘类水果：柠檬
- 草药：茴香

- 干型
- 酒体中等
- 不经橡木桶陈年

- 通常适合尽早饮用
- 质量为特好的酒款可以陈年：
  - 蜂蜜
  - 坚果

意大利

①列支敦士登
②圣马力诺
③摩纳哥
④梵蒂冈
⑤黑山
⑥德国

— -- — 国界

比例
千米 50 100 150 200 250 300
0
英里 50 100 150 200

海拔（米）
1500+
1000—1500
500—1000
200—500
0—200

# 菲亚诺（Fiano）

- 酸度中等
- 核果：桃
- 热带水果：蜜瓜、杧果

- 干型
- 酒体中等到饱满
- 经过 / 不经橡木桶陈年
- 可以经过酒泥陈年

- 通常适合尽早饮用
- 质量为很好或特好的酒款可以陈年：
  - 蜂蜜

# 内比奥罗（Nebbiolo）

- 酸度高
- 单宁高
- 红色水果：红樱桃、红李子
- 花香：玫瑰、紫罗兰
- 草药：干草药

- 通常用于酿造单一品种葡萄酒
- 通常具有饱满的酒体
- 通常会在橡木桶中陈年

- 质量为很好或特好的酒款可以陈年：
  - 蘑菇
  - 烟草
  - 皮革

意大利北部

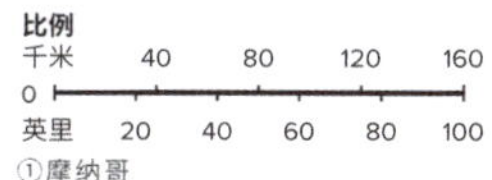


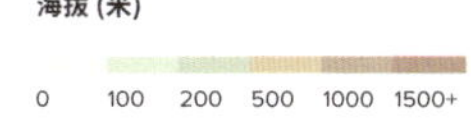


国界

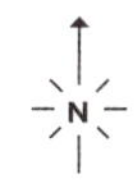

# 巴贝拉（Barbera）

- 酸度高
- 单宁低至中
- 红色水果：红樱桃、红李子
- 香料：黑胡椒

- 通常用于酿造单一品种葡萄酒
- 口感简单或复杂
- 经过 / 不经橡木桶陈年

- 适合早期饮用
- 质量为很好或特好的酒款可以陈年

意大利北部

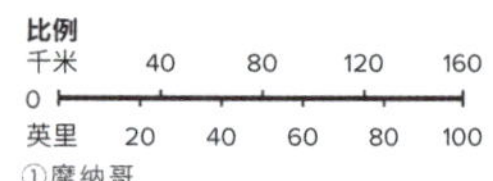


海拔（米）
0 100 200 500 1000 1500+

国界

# 科维纳（Corvina）

- 酸度高
- 单宁低至中
- 红色水果：红樱桃、红李子

- 通常用于酿造混合葡萄酒（将之与当地品种混合）
- 酒体轻盈到饱满
- 有时会用风干法（Appassimento）

- 适合早期饮用
- 质量为很好或特好的酒款可以陈年

## 风干法

意大利北部

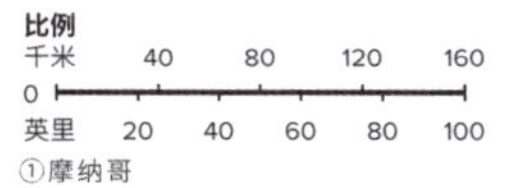


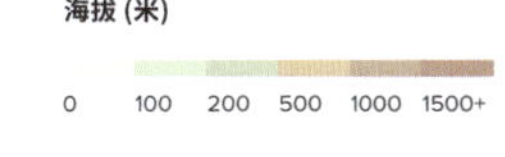

## 用新鲜葡萄酿造的酒款

- 瓦尔波利切拉法定产区（Valpolicella DOC）
- 经典瓦尔波利切拉法定产区（Valpolicella DOC Classico）

## 用风干葡萄酿造的酒款

- 瓦尔波利切拉的阿玛罗尼优质法定产区（Amarone della Valpolicella DOCG）
- 瓦尔波利切拉的雷乔托优质法定产区（Recioto della Valpolicella DOCG）

# 桑娇维塞（Sangiovese）

- 酸度高
- 单宁高
- 红色水果：红樱桃、红李子
- 草药：干草药

- 通常用于酿造混合葡萄酒（将之与当地 / 外来品种混合）
- 酒体中等到饱满
- 通常会在橡木桶中陈年

- 适合早期饮用
- 质量为很好或特好的酒款可以陈年

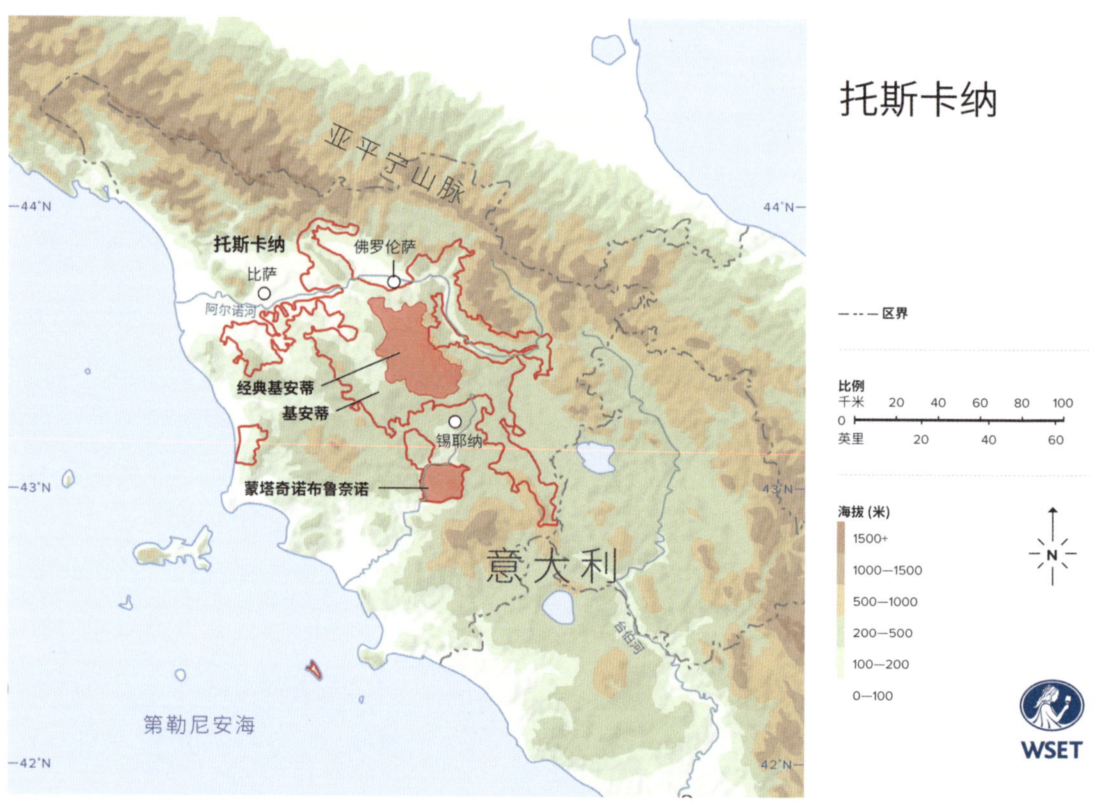

# 蒙特普齐亚诺（Montepulciano）

- 酸度中等
- 单宁高
- 黑色水果：黑李子、黑樱桃

- 用于酿造混合或单一品种葡萄酒
- 经过/不经橡木桶陈年

- 通常适合尽早饮用

| 酒样 | | |
|---|---|---|
| 视觉：外观 | | |
| 嗅觉：气味 | | |
| 味觉：味道 | | |
| 评估 | | |
| 葡萄酒与食物的搭配 | | 侍酒温度 |

| 酒样 | | |
|---|---|---|
| 视觉：外观 | | |
| 嗅觉：气味 | | |
| 味觉：味道 | | |
| 评估 | | |
| 葡萄酒与食物的搭配 | | 侍酒温度 |

| 酒样 | | |
|---|---|---|
| 视觉：外观 | | |
| 嗅觉：气味 | | |
| 味觉：味道 | | |
| 评估 | | |
| 葡萄酒与食物的搭配 | | 侍酒温度 |

| 酒样 | | |
|---|---|---|
| 视觉：外观 | | |
| 嗅觉：气味 | | |
| 味觉：味道 | | |
| 评估 | | |
| 葡萄酒与食物的搭配 | | 侍酒温度 |

<table>
<tr><td colspan="3">酒样</td></tr>
<tr><td>视觉：外观</td><td colspan="2"></td></tr>
<tr><td>嗅觉：气味</td><td colspan="2"></td></tr>
<tr><td>味觉：味道</td><td colspan="2"></td></tr>
<tr><td>评估</td><td colspan="2"></td></tr>
<tr><td colspan="2">葡萄酒与食物的搭配</td><td>侍酒温度</td></tr>
</table>

<table>
<tr><td colspan="3">酒样</td></tr>
<tr><td>视觉：外观</td><td colspan="2"></td></tr>
<tr><td>嗅觉：气味</td><td colspan="2"></td></tr>
<tr><td>味觉：味道</td><td colspan="2"></td></tr>
<tr><td>评估</td><td colspan="2"></td></tr>
<tr><td colspan="2">葡萄酒与食物的搭配</td><td>侍酒温度</td></tr>
</table>

| 酒样 | |
|---|---|
| 视觉：外观 | |
| 嗅觉：气味 | |
| 味觉：味道 | |
| 评估 | |
| 葡萄酒与食物的搭配 | 侍酒温度 |

| 酒样 | |
|---|---|
| 视觉：外观 | |
| 嗅觉：气味 | |
| 味觉：味道 | |
| 评估 | |
| 葡萄酒与食物的搭配 | 侍酒温度 |

# 8 起泡葡萄酒和加强葡萄酒

## 起泡葡萄酒

葡萄的糖分 ＋ 酵母 → 酒精 ＋ 二氧化碳

### 二次发酵

发酵产生的二氧化碳留在瓶内，溶于酒中。

- 瓶中发酵法
- 罐中发酵法

# 瓶中发酵法

## 传统法（Traditional Method / Méthode traditionnelle）

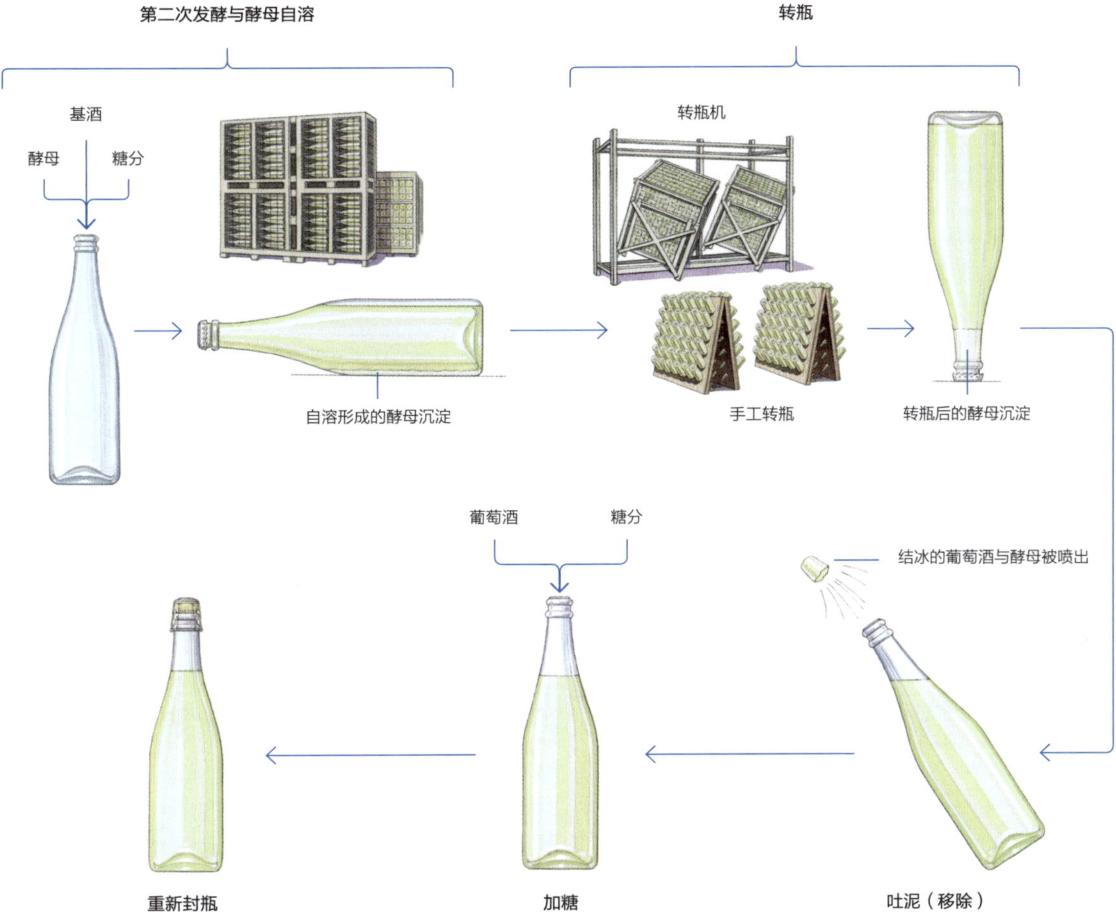

# 传统法起泡葡萄酒

## 法国和西班牙

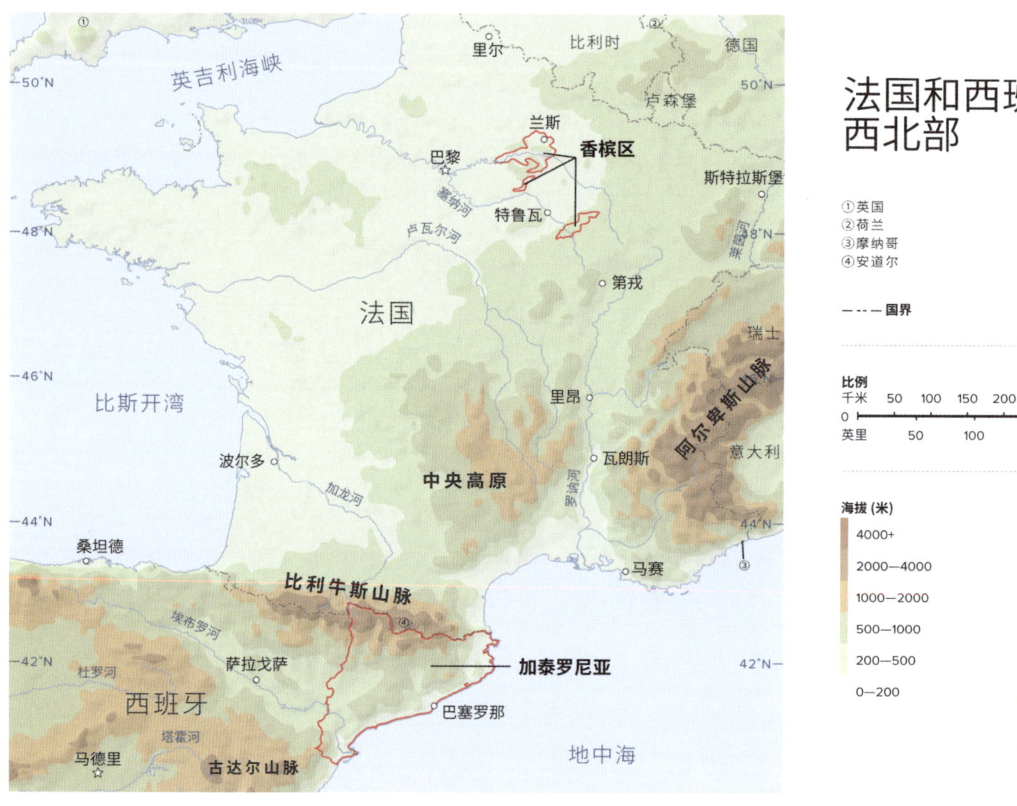


### 香槟（Champagne）

- 黑皮诺（Pinot Noir）
- 霞多丽（Chardonnay）
- 莫尼耶（Meunier）

### 卡瓦（Cava）

- 当地品种
- 霞多丽
- 黑皮诺

# 世界各地的传统法起泡葡萄酒

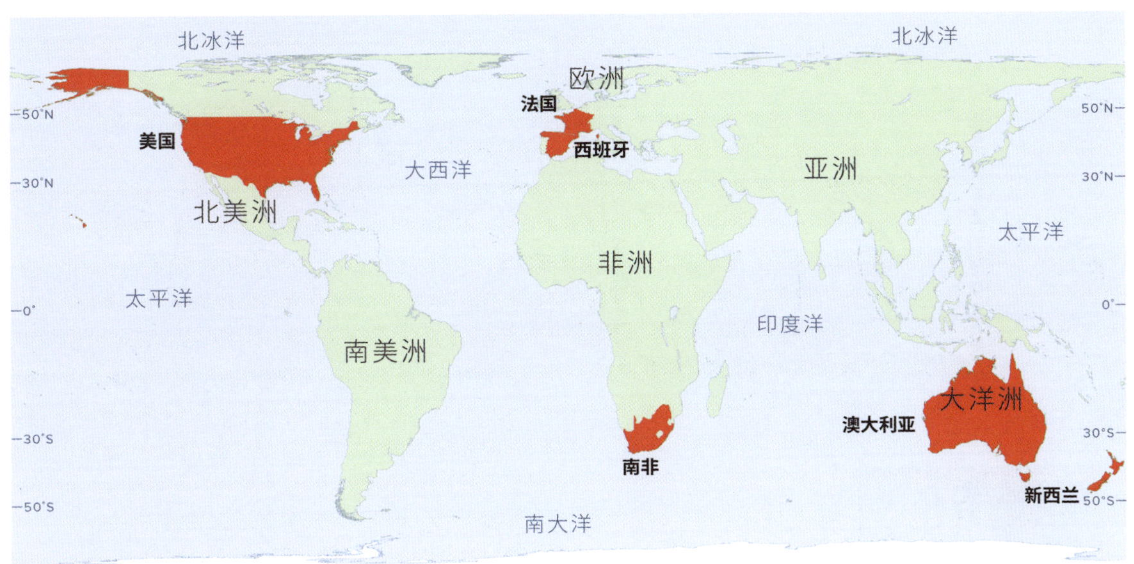


世界葡萄酒产区

比例
千米 2500 5000
0
英里 1000 2000 3000

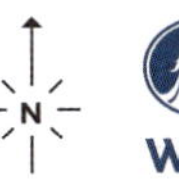

# 起泡葡萄酒的酒标术语

- 天然型（Brut）

- 半干型（Demi-Sec）

- 无年份 / 年份（Non-Vintage/Vintage）

- 传统法

- 开普传统法（Cap Classique）

# 罐中发酵法

## 罐中发酵法

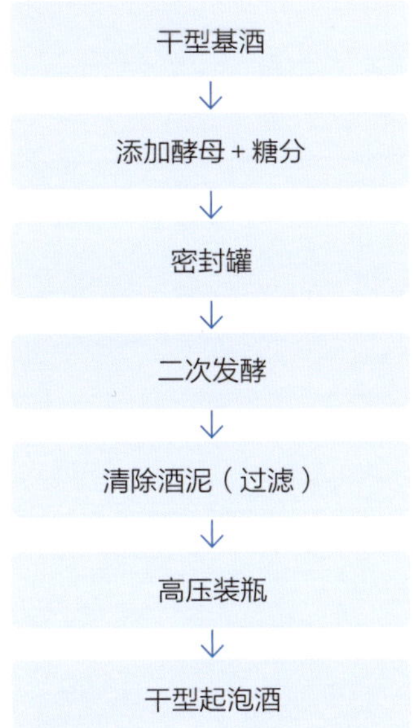


## 普洛赛克（Prosecco）

意大利北部

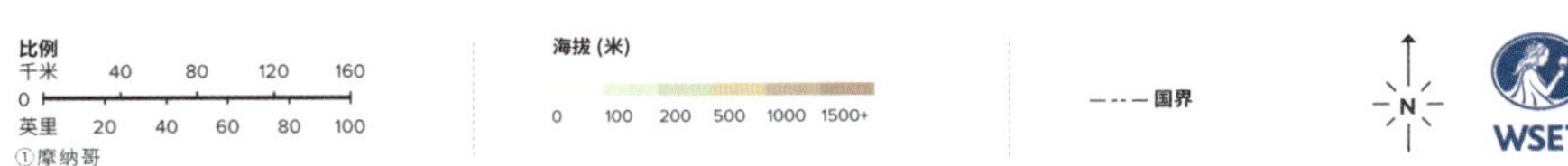


- 葡萄品种：格雷拉（Glera）
- 酒体轻盈或中等
- 干型或近乎干型
- 风味：
  - 梨、蜜瓜
  - 花丛

## 阿斯蒂法（Asti Method）

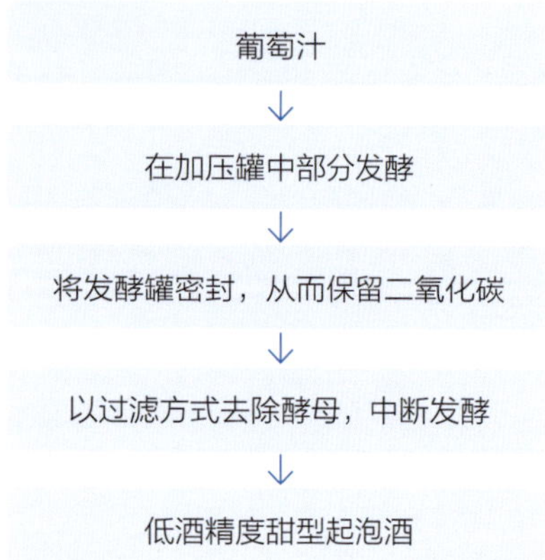


## 阿蒂斯（Asti）

意大利北部

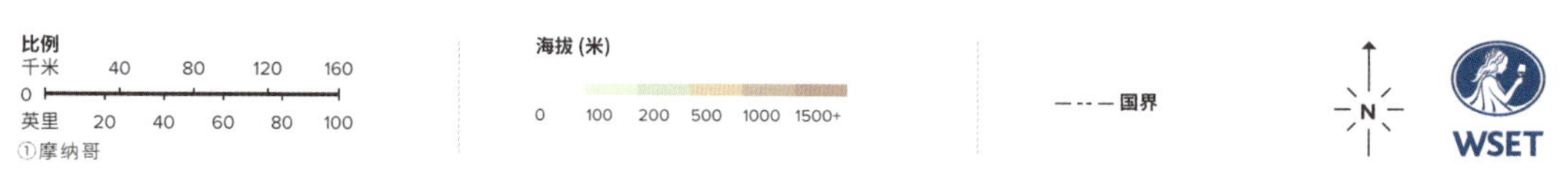


- 葡萄品种：莫斯卡托 / 麝香（Moscato / Muscat）
- 甜型
- 酒体轻盈
- 浓郁的花、果香气：
  - 葡萄、梨
  - 桃
  - 花丛

# 如何开启一瓶起泡葡萄酒

# 品尝起泡葡萄酒

| 普洛赛克 | |
|---|---|
| 颜色 | |
| 香气 / 风味 | |
| 质量等级 | |

| 卡瓦 | |
|---|---|
| 颜色 | |
| 香气 / 风味 | |
| 质量等级 | |

| 香槟 | |
|---|---|
| 颜色 | |
| 香气 / 风味 | |
| 质量等级 | |

| 阿斯蒂 | |
|---|---|
| 颜色 | |
| 香气 / 风味 | |
| 质量等级 | |

# 加强葡萄酒

加强葡萄酒是添加了额外酒精的葡萄酒。

## 酒精强化的时间点

- 通过酒精强化来中断发酵过程以酿造甜型加强葡萄酒。
- 发酵完成后，对干型葡萄酒进行酒精强化以酿造干型加强葡萄酒。

# 雪利酒（Sherry）

## 雪利酒的风格

- 干型雪利酒
  - 帕诺米诺（Palomino）葡萄
- 甜型雪利酒
  - 晒干的佩德罗－希梅内斯（Pedro Ximénez，简称 PX）葡萄
  - 在干型雪利混合酒液中增添甜味成分

## 主要的干型酒款

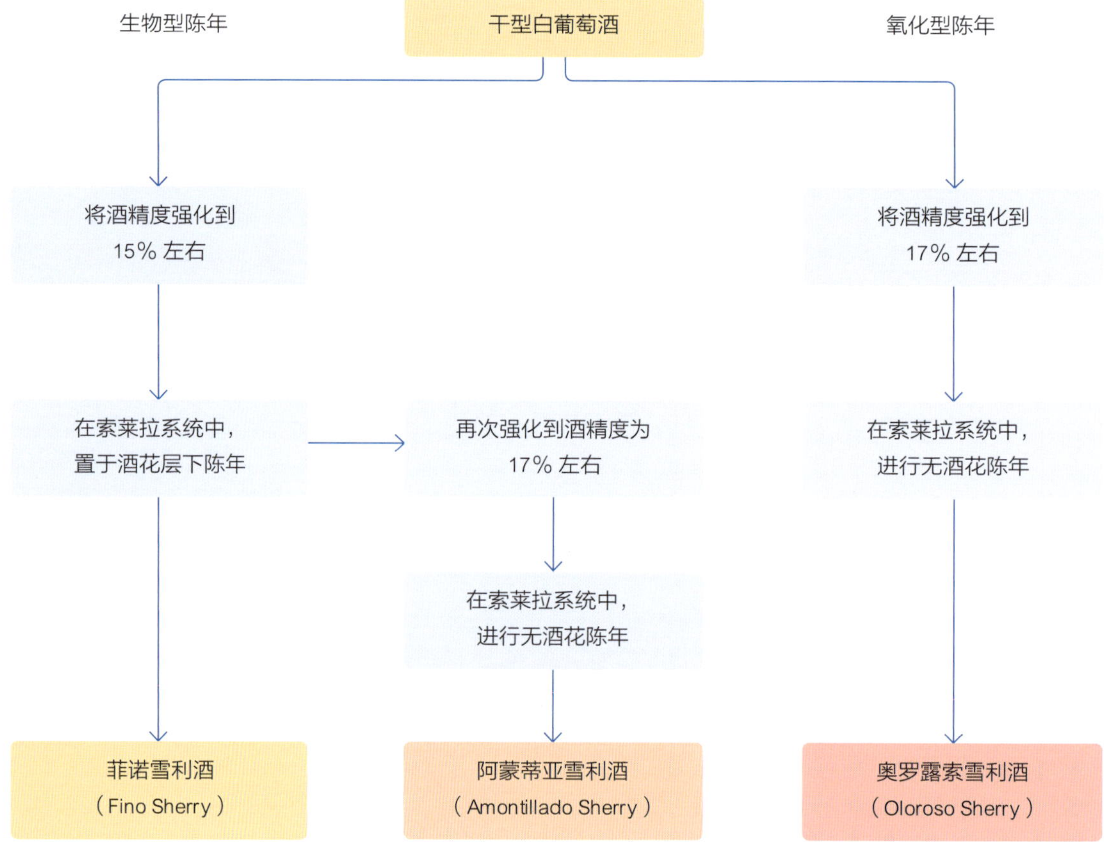


## 甜型酒款

- 浅色加甜型雪利酒（Pale Cream Sherry）

- 半甜型雪利酒（Medium Sherry）

- 加甜型雪利酒（Cream Sherry）

- 佩德罗－希梅内斯

# 波特酒（Port）

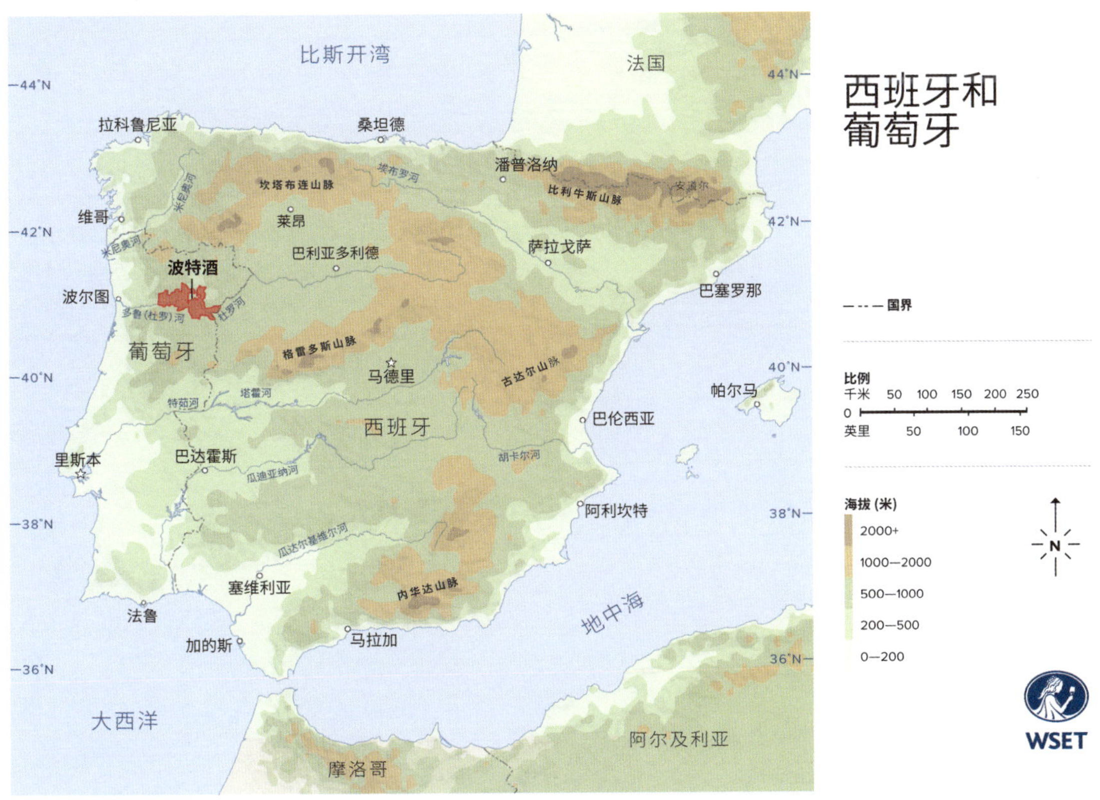


## 波特酒酿造过程

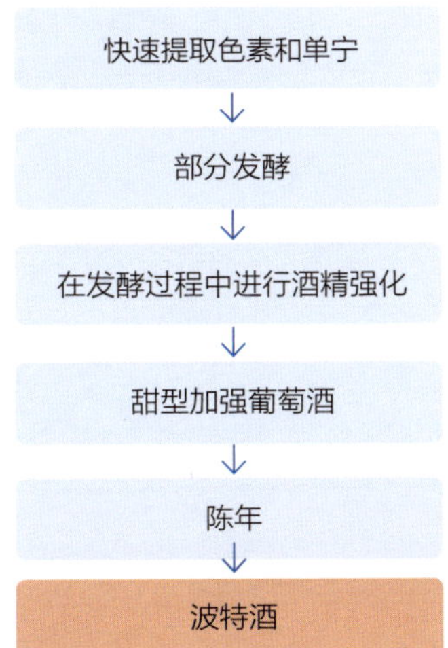

# 波特酒的风格

## 宝石红风格波特酒（Ruby-style Port）

- 宝石红波特酒（Ruby Port）

- 珍藏宝石红波特酒（Reserve Ruby Port）

- 晚装瓶年份波特酒（Late Bottled Vintage，简称 LBV）

## 年份波特酒（Vintage Port）

## 茶色风格波特酒（Tawny-style Port）

- 茶色波特酒（Tawny Port）

- 年份标示

# 品尝加强葡萄酒

| 雪利酒 | |
|---|---|
| 颜色 | |
| 香气 / 风味 | |
| 质量等级 | |

| 波特酒 | |
|---|---|
| 颜色 | |
| 香气 / 风味 | |
| 质量等级 | |

# 9 产区地图

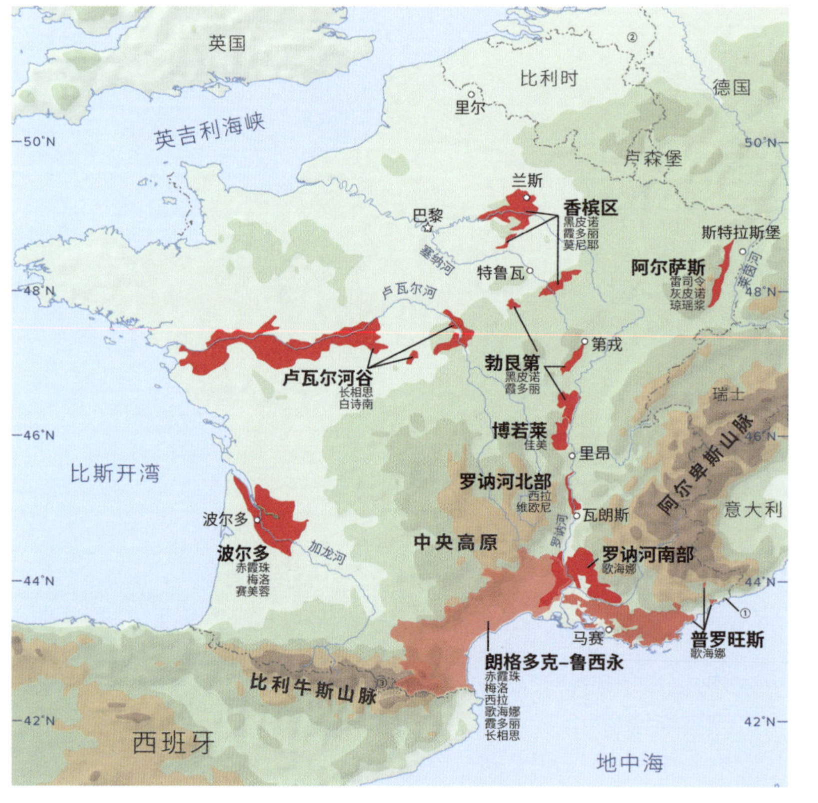


## 法国

①摩纳哥
②荷兰
③安道尔

—·-·— 国界

**比例**

千米 50 100 150 200 250

英里 50 100 150

**海拔（米）**

4000+
2000—4000
1000—2000
500—1000
200—500
0—200

# 西班牙和葡萄牙

—·—·— 国界

比例

千米 0 50 100 150 200 250

英里 50 100 150

海拔（米）

2000+

1000—2000

500—1000

200—500

0—200

# 意大利

①列支敦士登
②圣马力诺
③摩纳哥
④梵蒂冈
⑤黑山
⑥德国

—·—·— 国界

比例

千米 0 50 100 150 200 250 300

英里 50 100 150 200

海拔（米）

1500+

1000—1500

500—1000

200—500

0—200

德国和法国
①波斯尼亚和黑塞哥维那
②匈牙利
③斯洛伐克
④列支敦士登
⑤瑞典
国界
比例
千米 0 50 100 150 200 250
英里 50 100 150
海拔（米）
4000+
3000—4000
2000—3000
1000—2000
500—1000
200—500
0—200
N
WSET
丹麦
波罗的海
北海
汉堡
波兰
荷兰
德国
柏林
摩泽尔
雷司令
莱茵高
雷司令
比利时
法兰克福
50°N
卢森堡
曼海姆
法尔茨
雷司令
法国
斯特拉斯堡
斯图加特
阿尔萨斯
雷司令
灰皮诺
琼瑶浆
科尔马
捷克
奥地利
阿尔卑斯山脉
瑞士
阿尔卑斯山脉
阿尔卑斯山脉
斯洛文尼亚
意大利
克罗地亚

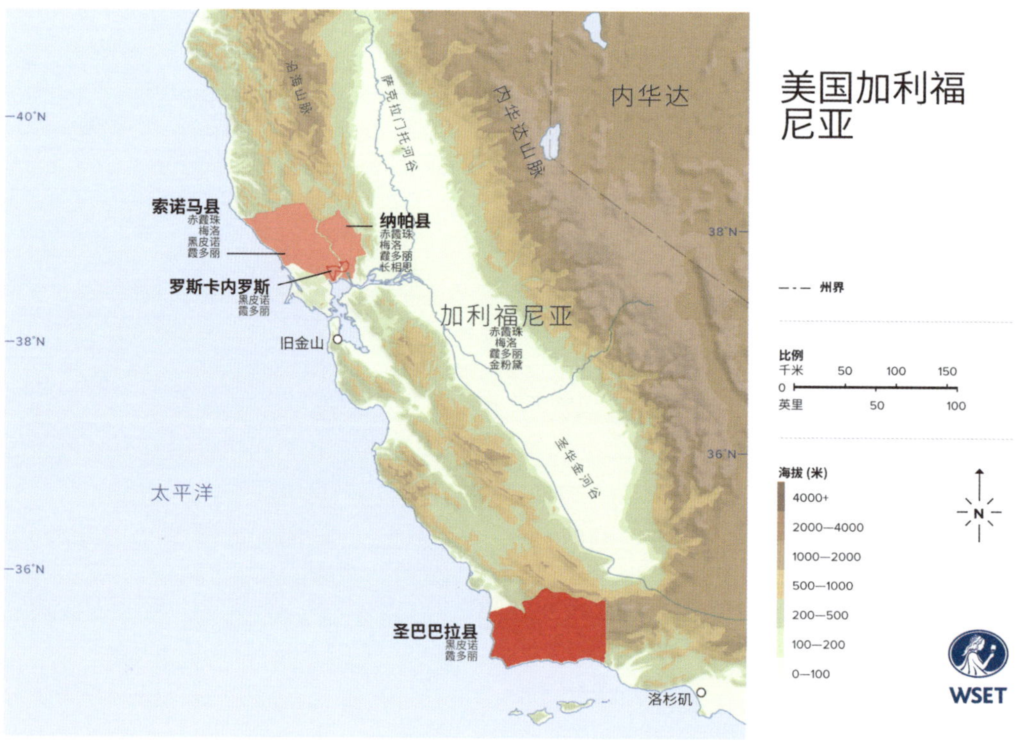
美国加利福尼亚
州界
比例
千米 0 50 100 150
英里 50 100
海拔（米）
4000+
2000—4000
1000—2000
500—1000
200—500
100—200
0—100
N
WSET
40°N
沿海山脉
萨克拉门托河谷
内华达山脉
内华达
索诺马县
赤霞珠
梅洛
黑皮诺
霞多丽
纳帕县
赤霞珠
梅洛
霞多丽
长相思
罗斯卡内罗斯
黑皮诺
霞多丽
38°N
加利福尼亚
赤霞珠
梅洛
霞多丽
金粉黛
旧金山
36°N
圣华金河谷
太平洋
圣巴巴拉县
黑皮诺
霞多丽
洛杉矶

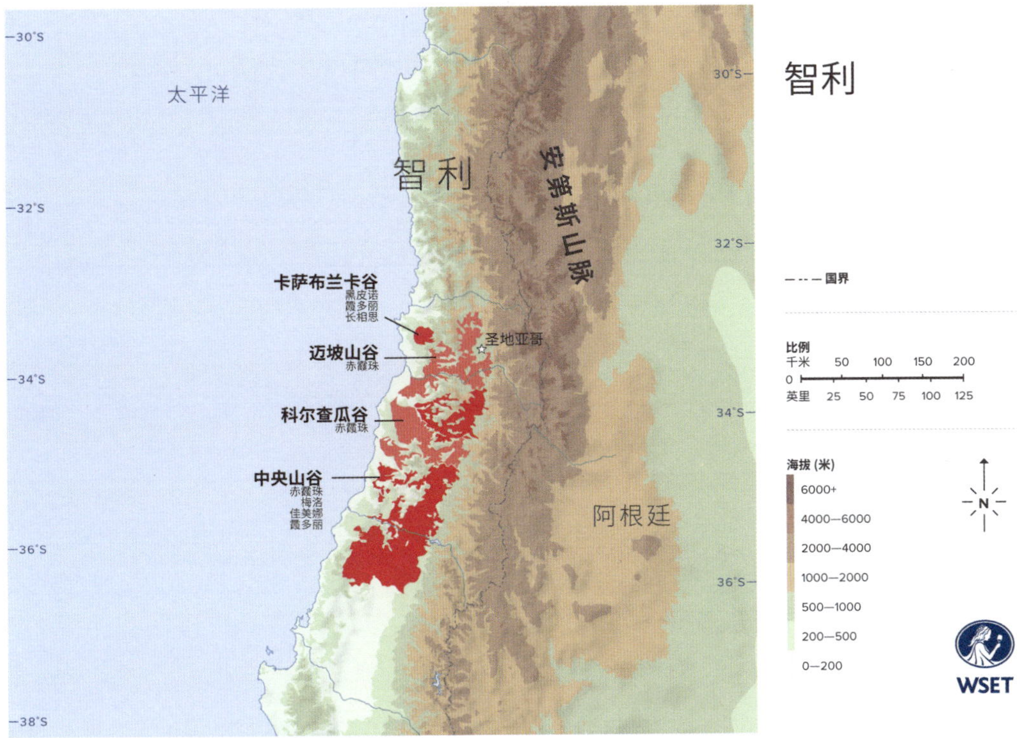


## 智利

— - - — 国界

比例
千米 0 50 100 150 200
英里 25 50 75 100 125

海拔 (米)
6000+
4000—6000
2000—4000
1000—2000
500—1000
200—500
0—200

N

WSET

## 南非西开普省

澳大利亚
印度洋
珊瑚海
达尔文
北部地区
昆士兰州
西澳大利亚州
南澳大利亚州
新南威尔士州
布里斯班
珀斯
悉尼
阿德莱德
维多利亚州
墨尔本
玛格丽特河
赤霞珠
梅洛
霞多丽
长相思
澳大利亚东南部
西拉子
霞多丽
塔斯马尼亚州
霍巴特
塔斯曼海
10°S
20°S
30°S
40°S
国界
州界
比例
千米 250 500 750 1000 1250
英里 250 500 750
海拔 (米)
2000+
1000—2000
500—1000
200—500
0—200
N
WSET

南澳大利亚州
克莱尔谷
雷司令
伊顿谷
雷司令
巴罗萨谷
西拉子
歌海娜
赛美蓉
阿德莱德
阿德莱德山
霞多丽
长相思
坎加鲁岛
迈拉仑维尔
歌海娜
库纳瓦拉
赤霞珠
南大洋
达令河
拉克伦河
马兰比吉河
墨累河
新南威尔士州
猎人谷
赛美蓉
西拉子
猎人河
悉尼
堪培拉
维多利亚州
墨尔本
雅拉谷
黑皮诺
霞多丽
莫宁顿半岛
黑皮诺
巴斯海峡
塔斯曼海
金岛
弗诺群岛
35°S
40°S

## 澳大利亚东南部

比例
千米 100 200 300 400 500
英里 100 200 300
海拔 (米)
0 100 200 500 1000 2000+
州界
N
WSET

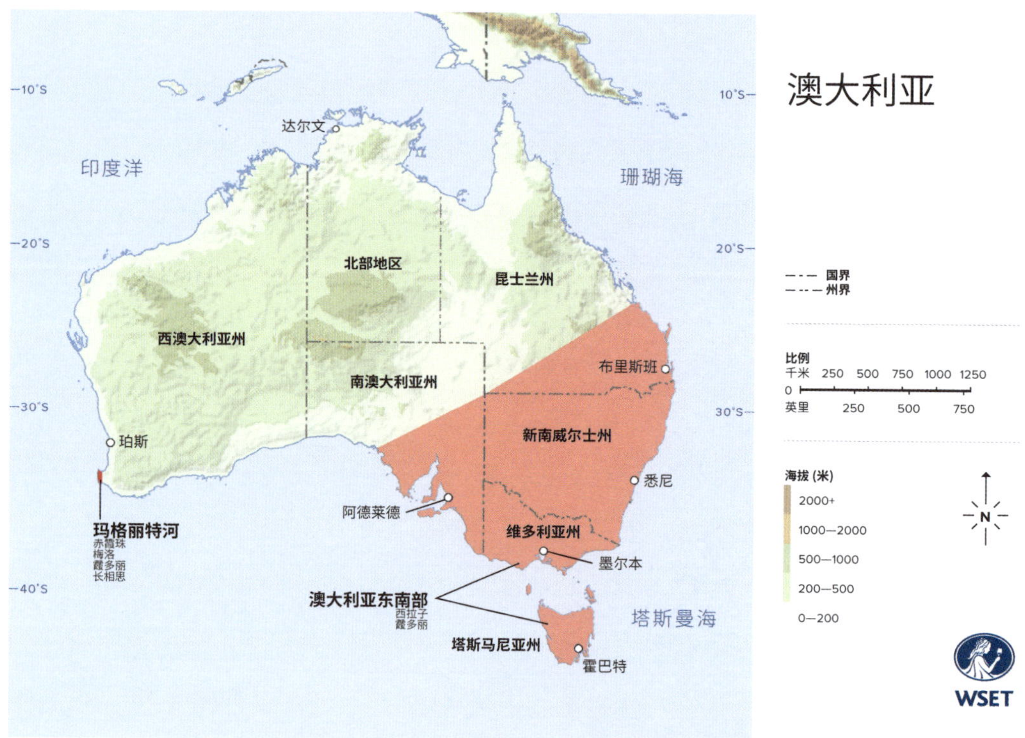

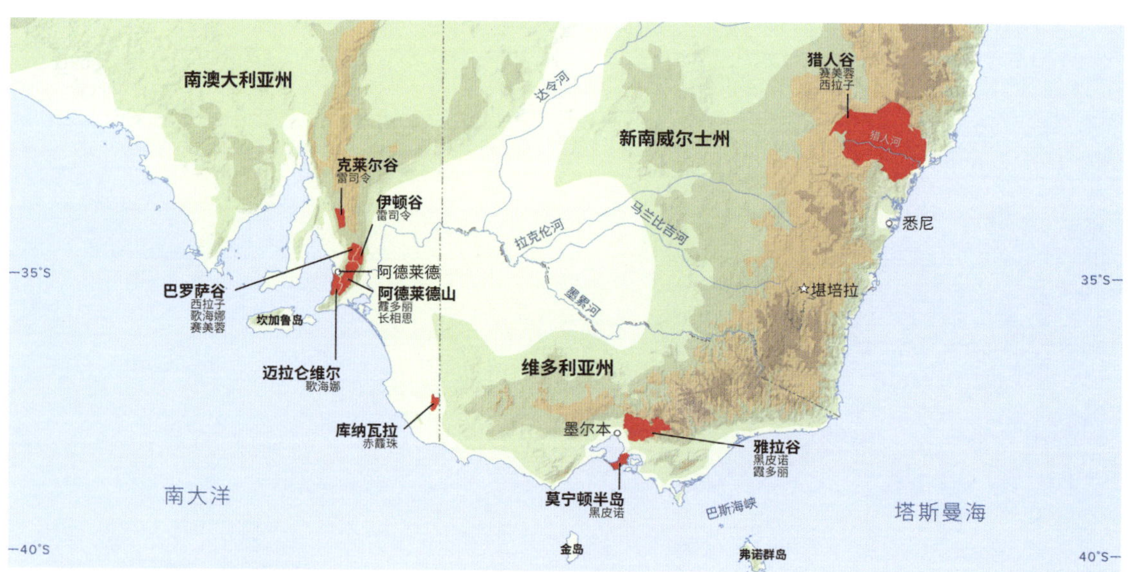

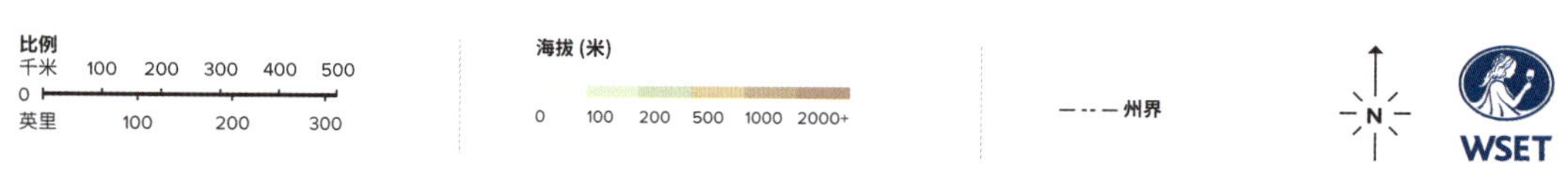

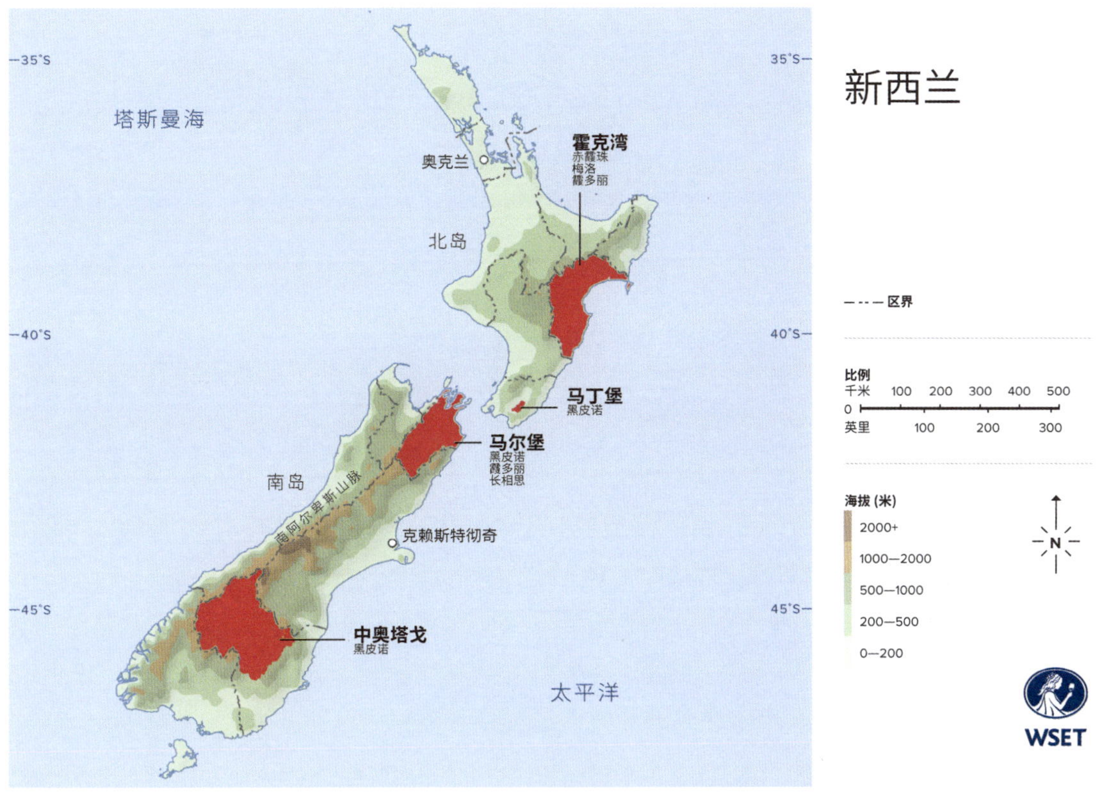
新西兰
35°S
40°S
45°S
塔斯曼海
奥克兰
北岛
霍克湾
赤霞珠
梅洛
霞多丽
马丁堡
黑皮诺
马尔堡
黑皮诺
霞多丽
长相思
南岛
南阿尔卑斯山脉
克赖斯特彻奇
中奥塔戈
黑皮诺
太平洋
区界
比例
千米 100 200 300 400 500
0
英里 100 200 300
海拔 (米)
2000+
1000—2000
500—1000
200—500
0—200
N
WSET

# 10
# 试卷样题

## 学习成果 1

理解环境因素和葡萄种植的各项选择，及其对葡萄酒风格与质量的影响。

**1. 葡萄藤需要什么元素来进行光合作用?**

a) 酸类与矿物质

b) 糖分与氧气

c) 单宁与糖分

d) 阳光与二氧化碳

**2. 以下哪一项最贴切地描述了黑葡萄成熟时的变化?**

a) 颜色从紫红色变成绿色，酸度降低

b) 糖分增加，草本植物风味变得更明显

c) 颜色从绿色变成紫红色，酸度增加

d) 糖分增加，风味从新鲜水果味变为煮熟的水果味

**3. 大多数葡萄园位于南北纬多少度之间?**

a) 40° 与 50°

b) 30° 与 50°

c) 20° 与 40°

d) 30° 与 40°

# 学习成果 2

理解酿造过程和瓶中陈年对葡萄酒风格与质量的影响。

**1. 葡萄酒酿造过程中的哪一道工序为红葡萄酒赋予颜色?**

a) 发酵时仅接触葡萄籽和果梗

b) 压榨葡萄时

c) 在橡木桶中发酵时

d) 发酵时接触葡萄皮

**2. 旧橡木桶能够:**

**① 为葡萄酒增加浓郁的橡木风味**

**② 使葡萄酒发生氧化作用**

**③ 软化红葡萄酒中的单宁**

a) 仅 ① 与 ②

b) 仅 ① 与 ③

c) 仅 ② 与 ③

d) ①、② 与 ③

# 学习成果 3

围绕由主要葡萄品种酿成的酒款，理解环境、葡萄种植的各项选择、酿造过程与瓶中陈年对其风格与质量的影响。

**1. 以下哪个产区因出产西拉（Syrah）葡萄酒而闻名?**

a) 埃米塔日（Hermitage）

b) 波尔多（Bordeaux）

c) 里奥哈（Rioja）

d) 基安蒂（Chianti）

**2. 桑塞尔（Sancerre）葡萄酒是用哪种葡萄酿造的?**

a) 长相思（Sauvignon Blanc）

b) 白诗南（Chenin Blanc）

c) 雷司令（Riesling）

d) 霞多丽（Chardonnay）

**3. 以下哪一个是纳帕谷的子产区?**

a) 卡利斯托加（Calistoga）

b) 索诺马（Sonoma）

c) 斯泰伦博斯（Stellenbosch）

d) 康斯坦提亚（Constantia）

**4. 霍克湾（Hawke's Bay）以出产哪种酒而闻名?**

a) 梅洛（Merlot）葡萄酒

b) 雪利酒（Sherry）风格的加强葡萄酒

c) 冰酒（Icewine）

d) 阿玛罗尼（Amarone）葡萄酒

**5. “干型，带有浓郁的黑醋栗、薄荷和烟熏风味”最贴切地描述了以下哪种葡萄酒?**

a) 博若莱村庄级产区（Beaujolais Villages）的葡萄酒

b) 库纳瓦拉产区（Coonawarra）的赤霞珠（Cabernet Sauvignon）葡萄酒

c) 博讷产区一级葡萄园（Beaune Premier Cru）的葡萄酒

d) 菲诺雪利酒（Fino Sherry）

**6. 以下哪个产区因出产优质黑皮诺（Pinot Noir）而享有盛誉?**

a) 巴罗洛（Barolo）

b) 普里奥拉（Priorat）

c) 俄勒冈（Oregon）

d) 波美侯（Pomerol）

**7. 以下哪种酿酒工艺常用于酿造优质霞多丽（Chardonnay）葡萄酒?**

**①苹果酸—乳酸转化**

**②压帽**

**③酒泥接触**

a) 仅 ① 与 ②

b) 仅 ③

c) 仅 ②

d) 仅 ① 与 ③

**8. 来自威尼托（Veneto）产区的灰皮诺（Pinot Grigio）葡萄酒通常:**

a) 口感简单，价格便宜

b) 酒体饱满，具陈年潜力

c) 口感复杂，质量特好

d) 为半甜型，余味悠长

**9. 摩泽尔雷司令珍藏酒（Mosel Riesling Kabinett）的甜度、酸度和酒体通常为:**

| | 甜度 | 酸度 | 酒体 |
|---|---|---|---|
| a) | 半甜 | 高 | 轻盈 |
| b) | 甜 | 中 | 饱满 |
| c) | 半甜 | 低 | 饱满 |
| d) | 干 | 低 | 中 |

# 学习成果 4

了解由地区性重要黑、白葡萄品种酿成的酒款的风格与质量。

**1. 以下哪个产区的红葡萄酒酒体饱满、单宁高、酸度高?**

a) 加维（Gavi）

b) 索阿韦（Soave）

c) 巴巴莱斯科（Barbaresco）

d) 下海湾地区（Rías Baixas）

**2. 以下哪一个是里奥哈最重要的葡萄品种?**

a) 佩德罗-希梅内斯（Pedro Ximénez，简称PX）

b) 赤霞珠（Cabernet Sauvignon）

c) 柯蒂斯（Cortese）

d) 丹魄（Tempranillo）

**3. 以下哪一项最贴切地描述了阿韦利诺菲亚诺优质法定产区（Fiano di Avellino DOCG）葡萄酒?**

a) 酒体轻盈，酸度高，具有桃、蜜瓜的特征

b) 酒体中等，酸度中等，具有桃、蜜瓜的特征

c) 酒体饱满，酸度高，具有花丛、苹果的特征

d) 酒体轻盈，酸度中等，具有花丛、苹果的特征

**4. 皮诺塔吉（Pinotage）葡萄酒通常具有以下哪些风味?**

a) 蜜瓜、芦笋、蜂蜜

b) 草莓、巧克力、烟熏

c) 苹果、柠檬、湿石头

d) 覆盆子、香蕉、玫瑰

**5. 以下哪个葡萄品种最容易感染贵腐菌（Noble Rot）?**

a) 维蒂奇诺（Verdicchio）

b) 内比奥罗（Nebbiolo）

c) 福尔明（Furmint）

d) 阿尔巴利诺（Albariño）

**6. “酒体饱满、酒精度高，带有荔枝和玫瑰的风味”最贴切地描述了由以下哪个品种所酿的葡萄酒?**

a) 卡尔卡耐卡（Garganega）

b) 马尔贝克（Malbec）

c) 长相思（Sauvignon Blanc）

d) 琼瑶浆（Gewurztraminer）

# 学习成果 5

理解酿造过程对起泡葡萄酒和加强葡萄酒风格的影响。

**1. 以下哪一项最贴切地描述了普洛赛克（Prosecco）的葡萄酒?**

a) 酒体轻盈，具有蜜瓜与梨的特征

b) 酒体饱满，具有花丛与葡萄的特征

c) 酒体饱满，具有面包与饼干的特征

d) 酒体中等，具有柠檬与饼干的特征

**2. 以下哪两款葡萄酒产自西班牙?**

a) 普洛赛克葡萄酒与阿斯蒂（Asti）葡萄酒

b) 卡瓦（Cava）葡萄酒与普洛赛克（Prosecco）葡萄酒

c) 雪利酒（Sherry）与阿斯蒂（Asti）葡萄酒

d) 卡瓦（Cava）葡萄酒与雪利酒（Sherry）

**3. 标示为 LBV 的加强葡萄酒:**

a) 由感染贵腐菌的葡萄酿成

b) 与酒花接触陈年

c) 来自单一年份

d) 用佩德罗-希梅内斯（Pedro Ximénez，简称 PX）加甜

---

# 学习成果 6

理解葡萄酒的储存、侍酒服务和餐酒搭配的主要原则与步骤。

**1. 软木塞缺陷指的是:**

a) 酒瓶中有一些软木塞碎屑

b) 酒液呈深棕色

c) 出现湿纸板的气味

d) 出现焦糖香气

**2. 食物的酸味会令葡萄酒尝起来显得:**

a) 更干涩、更苦

b) 更酸

c) 甜度降低

d) 果味更突出

# 试卷样题答案

## 学习成果 1

1. d)
2. d)
3. b)

## 学习成果 2

1. d)
2. c)

## 学习成果 3

1. a)
2. a)
3. a)
4. a)
5. b)
6. c)
7. d)
8. a)
9. a)

## 学习成果 4

1. c)
2. d)
3. b)
4. b)
5. c)
6. d)

## 学习成果 5

1. a)
2. d)
3. c)

## 学习成果 6

1. c)
2. d)

封面图片来源
Gorilla/Adobe Stock

地图
地图制作: Cosmographics 有限公司

图表及插图
图表及插图制作: CalowCraddock 有限公司

酒标
酒标设计: Ricky Wong

制作团队
简体中文翻译: 王琪(Leona Chi Wang ) DipWSET
简体中文编审: 刘丁(Danielle Liu )
简体中文校对: 邓潇莹(Silvia Deng )
设计: Ricky Wong
制作服务: Armstrong Ink Ltd
原书印刷和装订: Page Bros Group, UK